科学图书馆

中国科技馆

Secret of Life Science

基因科学简史

生命的秘密

中国科技馆 科学新视野 00000

总顾问 周光召 赵忠贤

编著 郑艳秋 王恒 朱幼文 苏玲 廖红 林国璋

人从哪里来
是谁在谱写生命的旋律
遗传基因在哪里
人有多少染色体
遗传信息是如何传递的
破译生命遗传的密码
解读生命的“天书”
人鱼公主——杂交之美
幽灵走上餐桌了吗
长生不老不是梦
……
让我们一起去探索生命的秘密

上海科学技术文献出版社

图书在版编目（C I P）数据

基因科学简史·生命的秘密 /郑艳秋等编著. —上海：上海科学技术文献出版社，2011.1
ISBN 978-7-5439-4681-1

Ⅰ.①基… Ⅱ.①郑… Ⅲ. ①生命科学-普及读物 Ⅳ.①Q1-0

中国版本图书馆 CIP 数据核字（2010）第 263410 号

责任编辑：张　树
美术编辑：徐　利

基因科学简史·生命的秘密
编　著：郑艳秋　朱幼文　廖　红　王　恒　苏　玲　林国璋
出版发行：上海科学技术文献出版社
地　　址：上海市长乐路 746 号
邮政编码：200040
经　　销：全国新华书店
制　　版：南京展望文化发展有限公司
印　　刷：常熟市华顺印刷有限公司
开　　本：740×970　1/16
印　　张：8
字　　数：111 000
版　　次：2014 年 4 月第 2 次印刷
书　　号：ISBN 978-7-5439-4681-1
定　　价：20.00 元
http://www.sstlp.com

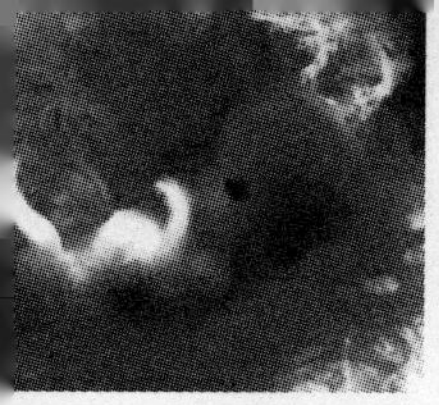
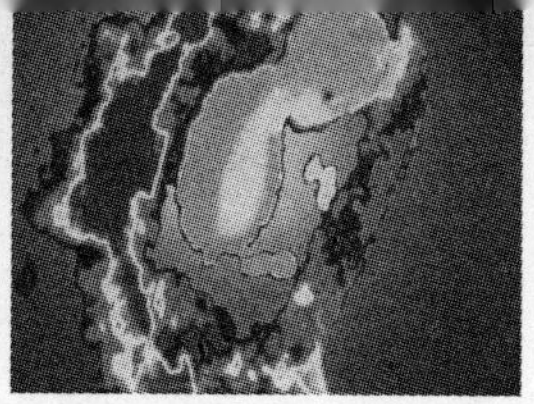

前 言

我们每一个人都是一个生命体，我们赖以生存的食品——粮、菜、果、肉、蛋、奶、油、茶等都来自于其他生物，我们所生栖的地球之所以区别于我们所知的其他任何一个星球，也是因为她拥有植物、动物等千姿百态的生命体。而这些生命体之所以呈现绚丽多彩的万千气象，则是由于它的遗传物质及其功能的不同。

1953年4月25日，生命遗传物质——脱氧核糖核酸（DNA）分子的双螺旋结构模型宣告诞生了。这是20世纪最重要的科学成果之一，并引发了后来的生物学革命。在此后的50年里，科学家们在基因科学与技术领域不断探索，逐步破解了生命遗传密码的奥秘，绘制出了人类、水稻、鸡等的基因组图谱；创造出了基因重组、克隆等生物工程技术。正是在这些成就的基础上，有科学家预言：21世纪是生命科学的世纪。

基因科学与技术的成果，正在并将越来越大地影响着人类的生产和生活，推动着经济与社会的进步。同时，它也引发了关于生物安全、环境影响、伦理学等方面的争论。

在DNA双螺旋结构模型首次发表50周年之际，回顾生命科学的发展历程，展示科学家们在探索过程中所体现的求真务实、开拓创新的科学精神，普及基因科学与技术的知识，展现生命科学和生物技术的发展前景，对于我们了解自身、了解自然、了解科学，并进而推动人类社会与自然环境的协调发展与可持续发展，无疑具有十分重要的意义。

目录

一　走近生命的螺旋

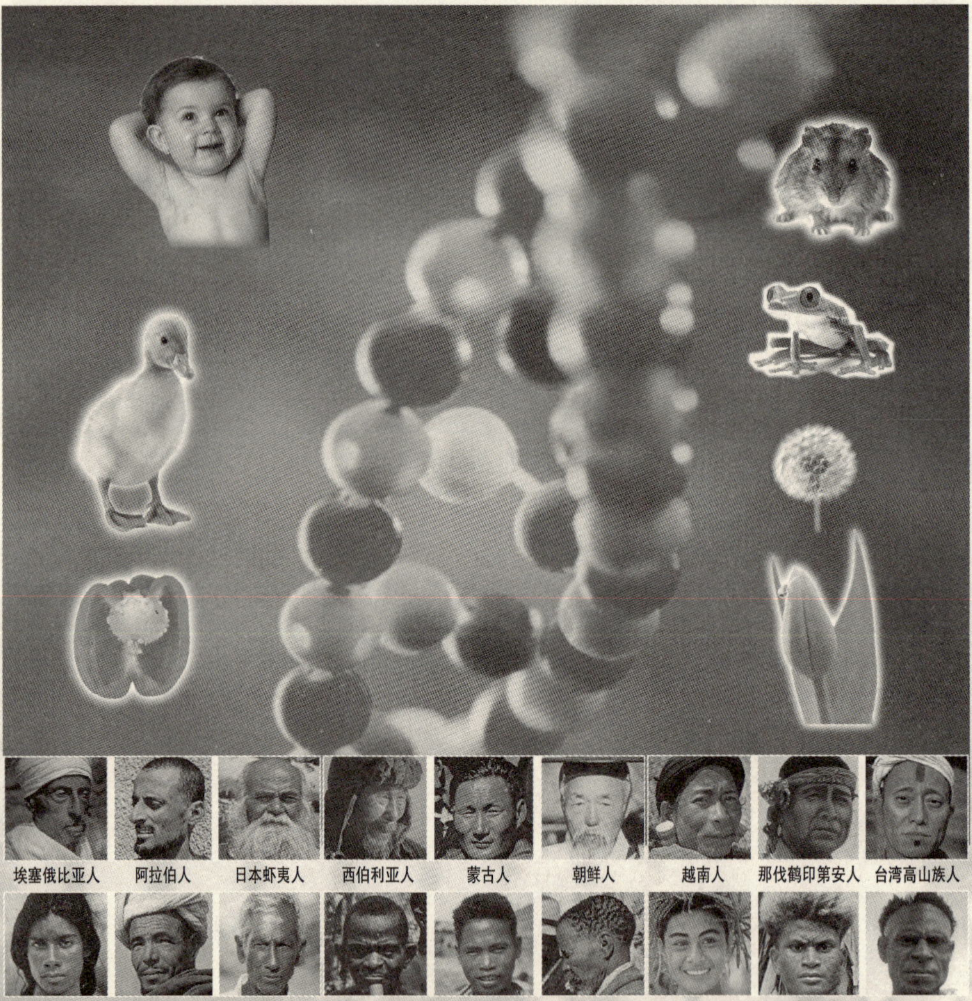

埃塞俄比亚人 阿拉伯人 日本虾夷人 西伯利亚人 蒙古人 朝鲜人 越南人 那伐鹤印第安人 台湾高山族人

维达人 柏伯尔人 僧伽罗人 俾格米人 尼格里脱人 霍屯督人 波利尼西亚人 美拉尼西亚人 巴布亚人

中国有两句老话，一句是“种瓜得瓜，种豆得豆”，另一句是“一龙生九子，九子各不同”。

从生命科学的角度来看，这两句话都有一定的道理，说明了遗传学中两个最重要的现象：前者讲的是遗传，后者则说的是变异。遗传是相对的，它使各种生物的后代与祖先之间保持一定的连续性，因而各个物种可以延续下去；而变异是绝对的，不可能后代永远与祖先一个样，在自然或人工因素的作用下，性状总会发生某些明显或细微的变异，其中一些变异会遗传下去，于是会产生更多的新物种，使生物不断地进化。

但是，180年以前的人们还不了解什么是遗传和变异。只是在19世纪30年代后，经过无数科学家的不断探索，才使人类从科学的角度对其逐渐有所认识，并在20世纪50年代初一步一步走近了揭示这一奥秘的那美妙的双螺旋。

1. 人从何而来

人从何而来?生命的起源是什么?这是自古以来最大的谜团之一。

在古代，不论是东方还是西方，不论是神话还是宗教，包括人在内的万物生灵，都被认为是由神创造的，而且从神造物那天起他们的性状（即形态特征和生理特点）就再未改变。

19世纪前期的英国，农牧业育种工作已有了很大进展。仅葡萄的品种就有700~1 000个，牛的品种也有400个。这使人们有理由怀疑物种不变论，为生物进化提供了有力的旁证。

1831年12月7日，年仅22岁的英国生物学家C·达尔文（1809—1882）随英国战舰“贝格尔”号出发，进行了历时5年多的环球航行。

文艺复兴时期意大利著名画家米开朗琪罗为罗马西斯廷教堂创作的天顶画的局部，画面描绘的是《圣经》中亚当、夏娃受蛇引诱偷吃禁果被上帝逐出伊甸园的故事。《圣经》中说，亚当是上帝创造的第一个男人，夏娃是上帝创造的第一个女人

英国“贝格尔”号战舰

英国著名生物学家达尔文

达尔文采集了大量动植物标本和化石，并观察到了许多自然界物种变化的现象。例如，他发现一种古代动物化石与现在南美洲犰狳很相似，但体积大得多。这些事实只能用进化的观点来解释。

在1837年返回英国后的20多年里，达尔文继续进行资料的收集和整理，并经过潜心研究，于1859年发表了不朽的科学名著《物种起源》，第一次用大量事实和系统的理论论证了生物进化的规律。这一理论认为：生物最初是从非生物发展而来的，现代生存的各种生物有共同的祖先，在进化的过程中通过变异、遗传和自然选择，生物由低级到高级，从简单到复杂，种类由少到多。达尔文指出：生物进化的主导力量是自然选择，那些发生细微不定变异的生物个体，如果适合了当时外界环境条件就可以生存下来，并通过累代的选择作用，逐渐使这种变异发展成为新的物种；如果不适合，就不能生存下来或不能传之后代。

达尔文曾经考察过的东太平洋加拉帕斯群岛。这里的生物物种曾对达尔文形成进化理论以启发

达尔文故居陈列着他生前的笔记和使用过的显微镜

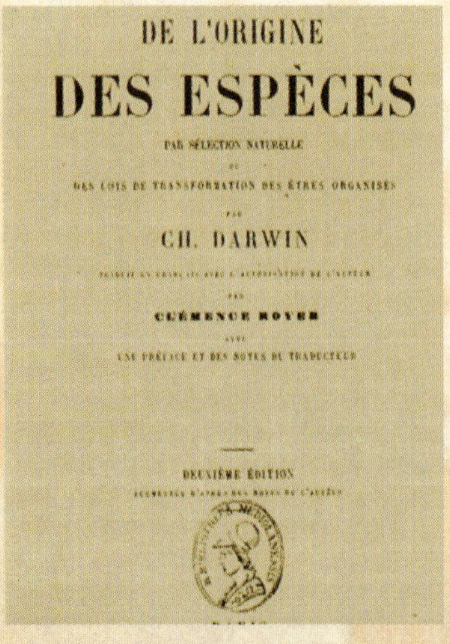

DE L'ORIGINE
DES ESPÈCES
PAR SÉLECTION NATURELLE
OU
DES LOIS DE TRANSFORMATION DES ÊTRES ORGANISÉS
PAR
CH. DARWIN
PAR
CLÉMENCE ROYER
AVEC
UNE PRÉFACE ET DES NOTES DU TRADUCTEUR
DEUXIÈME ÉDITION

1866年出版的法文版《物种起源》封面

现代南美洲犰狳（左）和南美洲发掘的一种远古动物化石复原像

晚年的达尔文

1871年，达尔文又发表了《人类的由来及其性选择》，描述了人类进化的过程。他的结论是：“人类和其他物种同是某一种古老、低级、早已灭绝了的生物类型的同时并存的子孙。”

进化论由于彻底推翻了上帝造物的神话，因而受到了当时教会势力和宗教神学家的猛烈抨击，他们宣布达尔文是“罪犯”，辱骂进化论是“畜牧的哲学”。而伟大革命导师马克思对进化论给予了很高的评价，把它与能量守恒和转换定律、细胞学说并列为19世纪的三大自然科学发现。

当时欧洲报刊上讽刺进化论的漫画

您的祖先是一只漂亮的猿猴

在一次宴会上，达尔文与一位美丽的贵夫人毗邻而坐。贵夫人问：“达尔文先生，难道我的祖先也是由猿猴变来的吗？”

达尔文认真地看了看这位夫人，回答说：“是的，夫人。只不过您的祖先一定是由一只非常漂亮的猿猴变来的。”

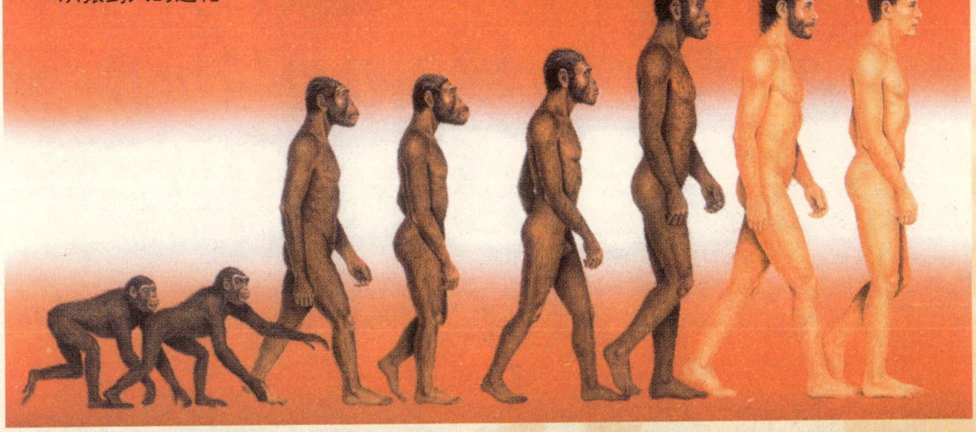

从猿到人的进化

英国博物学家赫胥黎

1971 年中国出版的赫胥黎《人类在自然界的位置》

中国近代启蒙思想家严复

达尔文的学说得到了英国博物学家T·赫胥黎（1825—1895）、德国生物学家E·H·海克尔（1834—1919）、英国教育家H·斯宾塞（1820—1903）等科学家、思想家的有力支持，他们为进化论的传播发挥了重要作用。特别是被称为“达尔文斗犬”的赫胥黎，他不仅以似火的热情捍卫和宣传进化论，并且他在将人类纳入生物界进化谱方面甚至比达尔文更激进。他最先提出了人猿同祖论，确定了人类在动物界的位置。

赫胥黎在牛津大学讲台上，用科学事实驳斥大主教的偏见时，指着手里拿着的铅笔说：“人是从比这个铅笔尖还小的胚胎发育而来的，人是从低等动物进化而来的。”

赫胥黎1893年发表的著作《进化论与伦理学》，3年后被中国近代启蒙思想家严复（1854—1921）以《天演论》为名译成中文出版，书中“物竞天择，适者生存”的观点，对当时中国反封建的思想解放运动产生了重要影响。

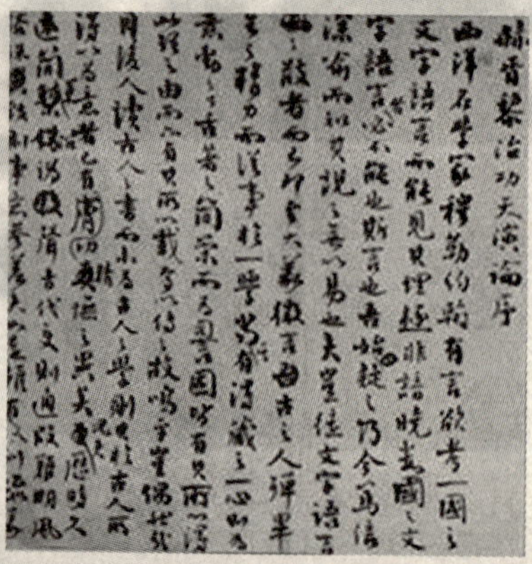

严复为《天演论》做序的手稿

2. 是谁在谱写生命的旋律

奥地利生物学家孟德尔

遗传的规律犹如一首美妙的乐曲，这首乐曲的“作曲家”是谁呢?

达尔文的学说强调了影响物种变异的外在因素，但对于更重要的内部因素却未能给予足够的关注。虽然他曾指出：生物的遗传就是将“微芽”集中在生殖细胞内传给后代，但他未能提供这种“微芽”存在的任何证据。

就在达尔文《物种起源》发表前两年的1857年，奥地利的一名神父J·G·孟德尔（1822—1884）在他所在的圣汤玛斯修道院后院开始进行长达8年的豌豆杂交实验。1865年，孟德尔根据豌豆杂交实验的结果，发表了著名的论文《植物杂交实验》，阐述了他所发现的显性、隐性遗传现象和两个重要遗传学定律——分离定律和自由组合定律。但是，是什么东西在生物体内决定了这些遗传规律呢?孟德尔提出了一种假说：生物的遗传性状是通过被他称为“遗传因子”的物质进行传递的。

圣汤玛斯修道院的庭院里今天仍种植着表明隐性、显性基因作用的白色和黄色三色堇。

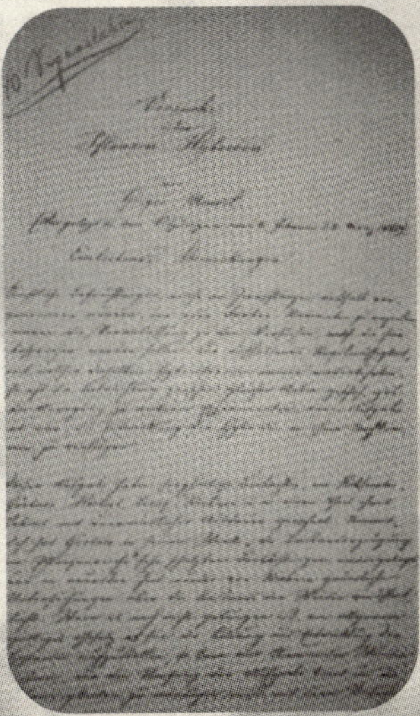

孟德尔论文《植物杂交实验》手稿的首页

孟德尔时代的圣汤玛斯修道院。这座修道院被完好地保存了下来，并改建为孟德尔纪念馆

孟德尔1822年7月22日出生于摩拉维亚北部乡村的这座农舍中。他从小就热爱科学，聪明好学，成绩优异。因家境贫寒，他只上了两年大学就不得不辍学进了修道院，成为一名神父。但他在修道院中依然迷恋科学，从事了许多生物学和天文学的研究

在遗传的内在规律和物质基础方面，孟德尔比达尔文的认识更深了一步，并支持和完善了生物进化理论。但在当时的条件下，孟德尔还无法证实遗传因子的真实存在，他的学说受到长期冷落，默默无闻。

1900年，荷兰植物学家H·德弗里斯（1848—1935）、德国植物学家C·柯伦斯（1864—1933）、奥地利植物学家E·西马克（1871—1962）在各自的研究中分别发现了分离定律和自由组合定律的现象。当他们查询有关资料时，才发现早在35年前孟德尔就已对这些现象作出了科学的论述。在孟德尔逝世16年后，孟德尔定律和遗传因子学说的重要价值才被人们“重新发现”。

随着人们对于遗传规律的认识与研究，遗传学作为一门新的独立学科于20世纪初诞生了。而孟德尔则被认为是现代遗传学的奠基人。

马克西米连一世　查理五世　斐迪南大公　菲利普四世　查理大公

曾经统治欧洲达几个世纪之久的哈布斯堡皇族，世代都有一个显著的特征：下唇连同下颌一起朝前突出（俗称“地包天”），有时嘴巴也不得不张开一点。这一特征被认为是孟德尔所发现的显性遗传现象的突出例子。

1910年，人们为了纪念孟德尔和他的科学发现，在圣汤玛斯修道院竖立了这座雕像。

小知识：遗传与遗传学

遗传一般是指亲代（如父母）的性状又在子代（如儿女）表现的现象，在遗传学上则是指遗传物质从上代传给下代的现象。而遗传学是研究这种性状及遗传物质复制与变异规律的科学，它是解释遗传现象、选择和培育动植物及微生物品种、解决医药实践中有关问题的理论基础。

3. 遗传因子在哪里

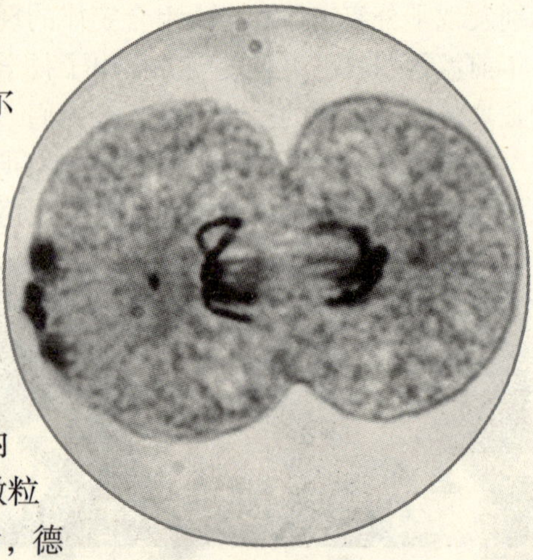

显微镜下的正在进行有丝分裂的细胞。细胞中心的黑色条状物即是染色体。

这时，人们已经通过实验证实了孟德尔遗传定律的正确性，但孟德尔学说中的遗传物质——“遗传因子”究竟在细胞中的什么地方呢？

19世纪70年代后的20多年里，显微镜、切片机和化学染料的改进和发明，促进了细胞学的研究。1879年，德国生物学家W·弗莱明（1843—1915）就在细胞核内发现了一种可以被碱性红色染料染色的“微粒状特殊物质”，他称之为“染色质”。10年后，德国解剖学家瓦尔德耶尔（1836—1921）将染色质改称为“染色体”。此后，科学家们又发现了染色体与细胞分裂的关系，意识到染色体可能是遗传的重要物质，这就为孟德尔的遗传因子假说提供了可靠的证据。

正在分裂的细胞中的染色质丝

小知识：染色体

染色体是细胞核内易被碱性染料着色的丝状或棒状小体，由核酸和蛋白质组成，是遗传的主要物质基础。

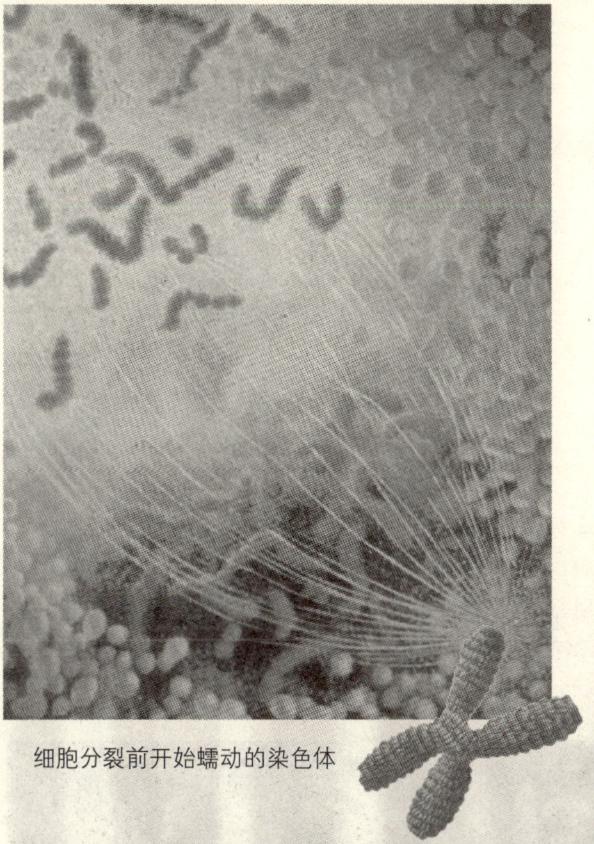

细胞分裂前开始蠕动的染色体

美国细胞学家萨顿

英国遗传学和动物学家贝特森

1903年，美国细胞学家W·萨顿（1877—1916）在实验中发现：染色体的行为与孟德尔的遗传因子的行为是平行的，只要假定遗传因子在染色体上，孟德尔所提出的分离定律和自由组合定律的机制就可以得到合理的解释。这一推论被后来的研究所证实，为遗传的染色体学说奠定了基础。

但是，染色体是否就是遗传因子呢?生物体内的染色体数目很少，如豌豆只有7对染色体，果蝇只有4对染色体，而遗传特性却很多。萨顿猜想：每条染色体上一定是带有多个遗传因子。1906年，英国生物学家W·贝特森（1861—1926）发现豌豆的某些遗传特征总是与另一些特征一起遗传的。这说明萨顿的猜想是有道理的。

1909年，丹麦植物学家和遗传学家W·L·约翰森（1857—1927）提议用“基因（Gene）”一词来代替“遗传因子”，得到了生物学家们的广泛赞同。

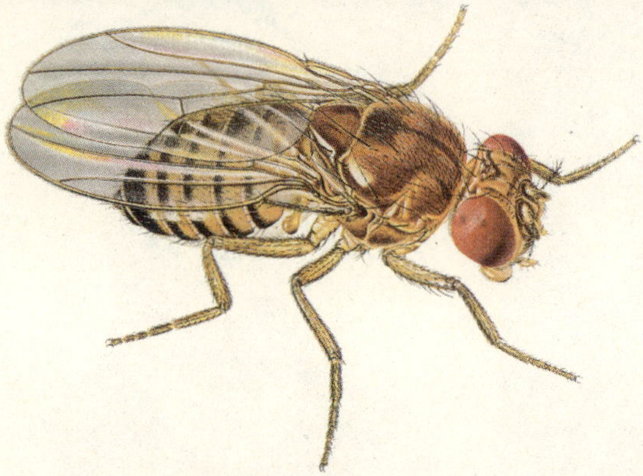

摩尔根的实验对象果蝇

基因是否真的存在于染色体之中?萨顿和贝特森还只是作出了肯定的猜想。首先以实验结果证实这一猜想的是美国生物学家T·摩尔根（1866—1945）。

起初，摩尔根对孟德尔遗传因子学说持怀疑态度，因为这一学说当时还缺少实验的证明。摩尔根对依靠类比、假设、推断得出的结论不感兴趣，他更相信实验的结果，不管实验的结果是证实还是否定自己的观点。

1909年，摩尔根开始通过果蝇实验研究遗传现象。第二年，他在一群红眼果蝇中发现了一只白眼雄果蝇。当他用这只白眼雄果蝇同红眼雌果蝇交配后，第二代果蝇中凡是白眼果蝇都是雄性的。当时其他科学家已经证明了性别是由染色体决定的，因此白眼基因一定是与雄性基因同在一条染色体上。这是人类获得的染色体是基因载体的第一个实验证据。摩尔根的进一步实验表明，一条染色体上可以有许多个基因。

美国生物学家摩尔根因创立了完整的基因遗传学理论体系，于1933年获得诺贝尔生理学或医学奖

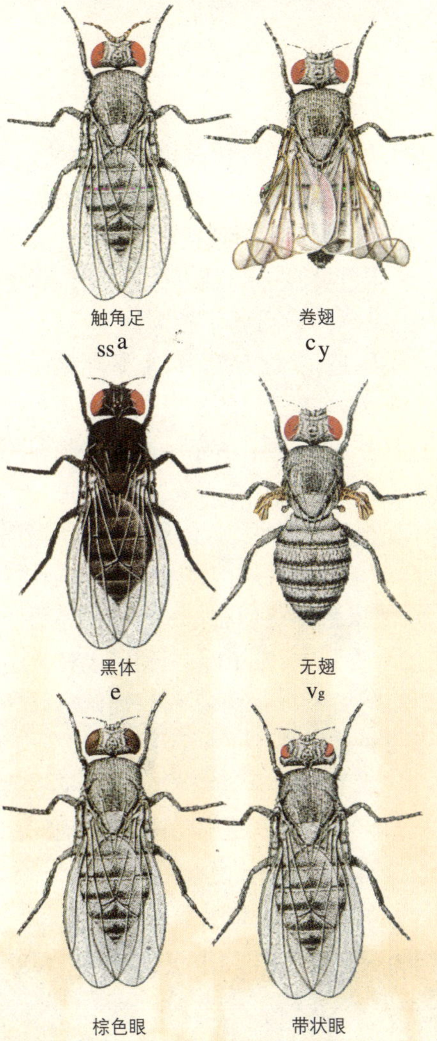

六种发生不同变异的果蝇

摩尔根在实验室中

在事实面前，摩尔根不仅勇敢地放弃了对孟德尔学说的怀疑，并且发展了孟德尔的理论，创立了遗传的染色体学说。

由于在遗传学研究中的突出贡献，摩尔根荣获了1933年诺贝尔生理学或医学奖。他是因遗传学研究成果荣获诺贝尔生理学或医学奖的第一人。

显赫家族的突变基因

摩尔根的家族中曾出现过许多显赫的政治家、企业家，但在他之前从没有一个科学家。摩尔根从小对大自然充满了浓厚的兴趣，这导致他最终违背了家族的传统和父母的意志，走上了科学的道路。用摩尔根自己的话说：他是“家族中的突变基因”。

4. 人有多少条染色体

1998年徐道觉(右)与他的老师、中国著名遗传学家谈家桢的合影

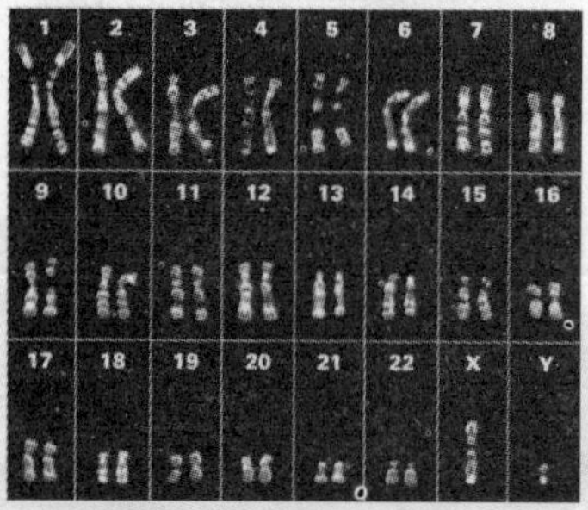

科学家们为染色体编号时是按照染色体的长短进行排序的，但后来发现22号染色体比21号染色体稍长

当明确了染色体就是遗传基因的载体之后，科学家们最感兴趣的问题之一就是人类到底有多少条染色体。由于当时染色体制备技术的限制，在显微镜下许多染色体重叠在一起难以分辨，所以学者们所报告的人类染色体数目各不相同。

1923年，美国遗传学权威、得克萨斯大学校长T·S·佩因特（1889—1969）提出人体染色是2n=48条。这后来作为一条定论充斥于各种教科书和百科全书。

1952年，在得克萨斯大学进行研究的华裔遗传学家徐道觉成功地将低渗透液技术运用到人体染色体的研究上，使染色体得以很好地铺展，不再重叠，可以清晰地进行观察。但由于受到佩因特人类48条染色体结论的影响，徐道觉未能确认自己所观察到的46条染色体的事实。

1955年，华裔学者蒋有兴与瑞典学者莱温通过实验确认了人体的46条染色体，并勇敢地向佩因特的"定论"挑战，于第二年公布了这一发现。至此，关于人类染色体数目的探索大功告成。

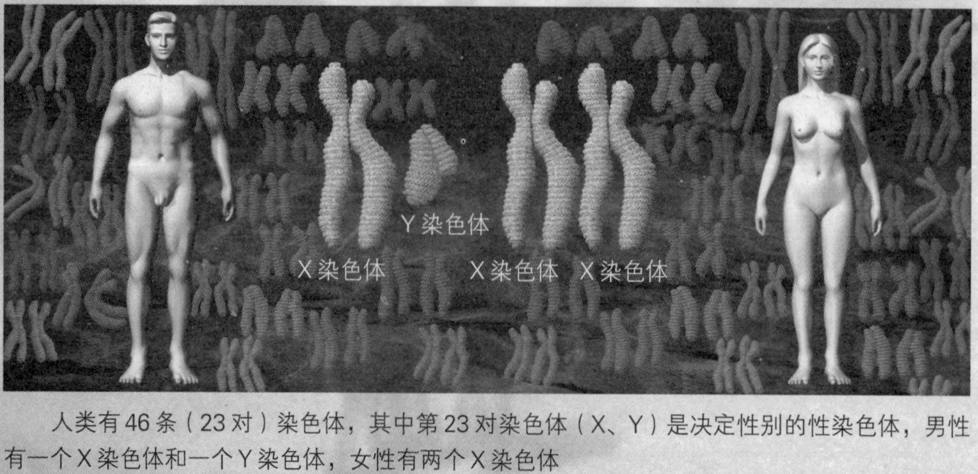

人类有46条（23对）染色体，其中第23对染色体（X、Y）是决定性别的性染色体，男性有一个X染色体和一个Y染色体，女性有两个X染色体

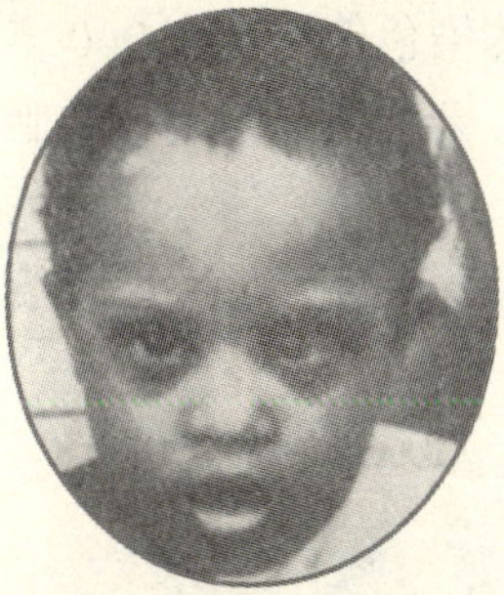

先天愚型患儿

1957年，蒋有兴来到丹麦首都哥本哈根做了一场关于人类染色体的学术报告，在听众中有一位法国的医生L·M·勒热内（1926— ）。此前，勒热内曾接触过许多先天愚型患儿的病例，他听了报告后立即想到，这种病会不会是染色体异常所导致的。他回国后，马上投入了对于患儿染色体的观察研究。

1958年，勒热内发现先天愚型患儿的体细胞内比正常人多了一条21号染色体。这是人类发现的第一种染色体异常导致的疾病。

长期以来，人类的许多遗传性疾病和先天性的畸形、综合症的病因一直困扰医学界。勒热内的发现，不仅为探明这些疾病的病因开辟了新的途径，而且开创了医学研究的一个新领域——医学细胞遗传学。

巴伐利亚国王路德维希二世虽然身体魁梧，相貌堂堂，但他是一个精神病患者。他与著名的“茜茜公主”是堂兄妹，该家族有精神病的遗传基因，有许多人精神异常

沙皇尼古拉二世与妻子亚历山德拉及儿女们的合影。亚历山德拉的家族带有血友病的遗传基因。血友病在女性身上表现为隐性遗传，在男性身上表现为显性遗传。因此在沙皇和亚历山德拉的儿女中，只有儿子阿列克赛患有血友病，女儿们均未发病，但如果她们有儿子也将患上血友病。十月革命后，沙皇一家被处死

俄国罗曼诺夫王朝的最后一个沙皇尼古拉二世（1868—1917）与他的王位继承人、小儿子阿列克赛

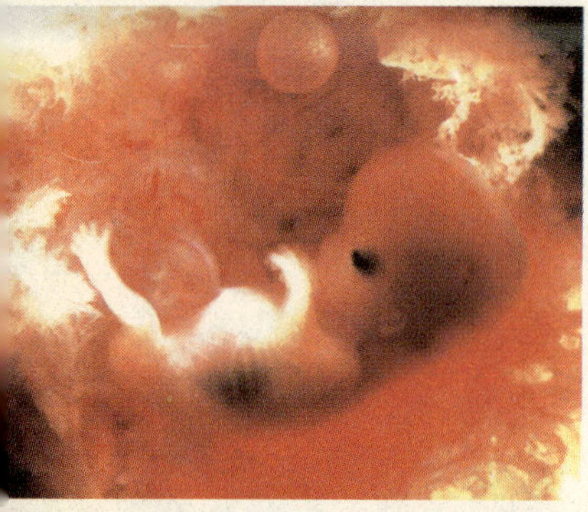
母腹中3个月的胎儿

至今为止，科学家们已发现的染色体异常有900多种。据国际性的孕期诊断资料统计，染色体异常导致的胎儿疾病占产前总病例的80%以上。医学细胞遗传学在临床上的应用和发展，对于提高人口素质具有十分重要的意义。

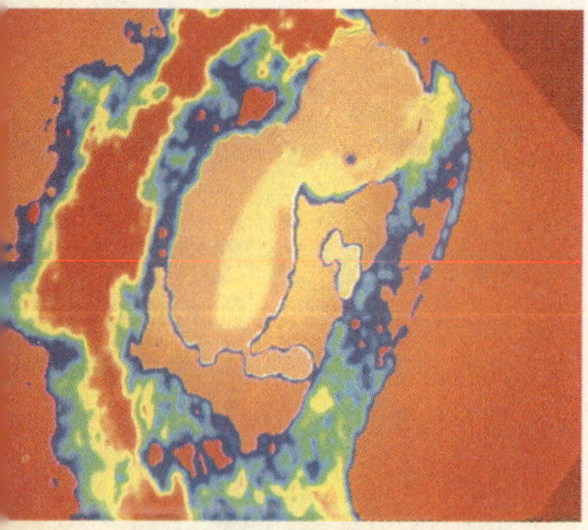
母腹中胎儿的超声波图像

孕期检查的部分内容

羊水分析法——可用于检查染色体性质或遗传方面的疾病

滋养层活组织检查——用于确定是否有染色体性质或遗传方面的疾病

工作条件最差、耗资最少的科学发现

勒热内的研究条件十分简陋，实验室里连自来水也没有，他使用的是一台借来的破旧显微镜，镜臂是用从糖果盒上剪下的一块锡箔来固定的。当他成功之后，曾有人计算了他所花费的资金：只有200美元！

勒热内的成果被称为是当代“工作条件最差、耗资最少”的科学发现。

5. 基因变异的功绩与灾难

孟德尔和摩尔根的遗传学理论，科学地阐明了物种进化的原理。但在当时的条件下，基因变异基本是自然发生的，无法人工制造基因变异。

1927年，摩尔根的学生、美国遗传学家H·J·缪勒（1890—1967）在果蝇实验中发现X射线照射可人工诱使基因发生突变，他因此于1946年获诺贝尔生理学或医学奖。这一研究成果导致了辐射遗传学的诞生，更重要的是这一发现有助于深入认识生物遗传进化的机理。

此后，科学家们又发现化学物质也可以引起基因变异。

以往人类只能被动地从自然条件下发生的基因变异中来选择需要的物种，而今天则可以通过人工的方法诱发基因突变，人工诱变成为培育优良品种的理论基础。

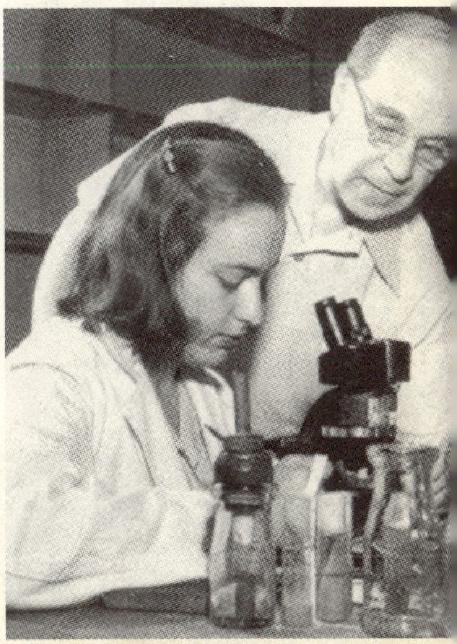

美国遗传学家缪勒（右）在实验室中

现代经过辐射育种技术培育的草花一品红。普通的一品红叶色绿但泛黄，花色红而不艳；而经中子辐射培育的一品红叶色油绿、有光泽，花色深红、艳丽，更具观赏价值。植物经射线照射后，基因变异的概率比自然条件下提高了成百上千倍，是一种快速有效的育种方法。

在地面，绝大部分宇宙射线被大气层阻隔。现代太空育种的主要方法之一，就是通过卫星、航天飞机、飞船等航天器将农作物带入太空，使其在宇宙射线辐射和失重的条件下，诱发基因变异，然后从中选育人类所需要的新品种。图为被带入太空的农作物种子。

同时，物理、化学等因素可诱发基因突变的发现，也使人们对20世纪40年代后发生的因原子弹爆炸、化学污染、放射性泄漏等事件导致新生儿畸型的原因有了科学的认识，为防止污染提供了理论依据。

在第二次世界大战临近结束的1945年8月，美国先后向日本广岛和长崎投下了两颗原子弹，造成约10.6万人死亡，约13万人受伤。当时缪勒就指出：原子弹爆炸产生的放射性污染将给广岛和长崎幸存居民的后代带来难以预料的影响。缪勒不幸言中了。在战后的20多年里，广岛和长崎先后出生了数以百计死胎和智障、肢体畸型的新生儿。缪勒1946年获得诺贝尔奖之后，他提出的辐射危险才得到普遍承认。此后，缪勒为制定辐射防护措施和辐射安全标准等做了大量工作。

1945年8月6日，美国在日本广岛投掷的第一颗原子弹爆炸的情景。

20世纪60和70年代，在越南战争中，美国为摧毁越南游击队及后勤运输队藏匿的丛林，用飞机喷撒了大量化学落叶剂和枯草剂，给当地人民带来长期的灾难，15年后喷撒落叶剂的地区仍是荒芜一片（左下图），当地居民的后代出现了许多无脑儿等畸形变异（左上图）。

小知识：变异与突变

变异是指同种生物世代之间或同代不同个体之间的性状差异。变异有遗传的变异和不遗传的变异之分。前者又称突变，它必须通过遗传物质的改变，包括基因突变（如缪勒发现的人工诱发基因突变）和染色体畸变（如勒热内发现的21号染色体畸变）；后者是仅由环境条件直接引起的变化。

前苏联著名遗传学家瓦维洛夫

1933年，缪勒应前苏联遗传学研究的开拓者之一、全苏列宁农业科学院院长Н·И·瓦维洛夫（1887—1943）的邀请到前苏联进行研究工作。1935年以后，前苏联著名的"科学小丑"李森科（1898—1976）打着"无产阶级科学家"的幌子，全盘否定孟德尔学说和摩尔根的遗传学理论，并冠以"资产阶级反动学说"的帽子。李森科在当时前苏联领导人斯大林和后来赫鲁晓夫的支持下，把一场学术讨论上升为一场政治运动，连大学里的遗传学课程也被停开了，瓦维洛夫等支持孟德尔－摩尔根学说的科学家也在受批判、受迫害之列。在这种形势下，缪勒被迫于1940年返回美国，而瓦维洛夫在第二年被捕入狱，并判死刑。虽然后来在各国众多科学家的强烈呼吁下改判为10年徒刑，但瓦维洛夫1943年还是在狱中被折磨致死。这场现代科学蒙难记一直持续到1964年赫鲁晓夫下台后才宣告结束，而前苏联的遗传学发展因此落后了30年。

前苏联的政治权力中心克里姆林宫

6. 从染色体到核酸

德国生理学家和化学家科塞尔，他因发现了细胞内核酸的成分获1910年诺贝尔生理学或医学奖

摩尔根虽然创立了基因遗传理论，科学家们也通过许多遗传现象证实了基因的存在，但当时他们尚未实际观察到基因这一物质。摩尔根说："像化学和物理学家假设看不见的原子和电子一样，遗传学家也假设了看不见的基因。"

其实早在1868年，瑞士化学家F·米歇尔（1844—1895）就从细胞核中发现了一种被他称之为"核素"的物质。1889年，与米歇尔同一实验室的生物学家R·阿特曼分离了"核素"中的蛋白质，得到了一种酸性物质。因为这种物质是从细胞核中提取出来的，因此他将其称为"核酸"。

19世纪末和20世纪初，德国生理学家、化学家A·科塞尔（1853—1927）探明核酸的主要成分是：4种不同的碱基、磷酸和戊糖。科塞尔和美国细胞学家E·B·威尔逊（1856—1939）都曾设想核酸可能是在遗传过程中起关键作用的物质。

20世纪20年代，关于核酸的研究取得了重要进展。

1924年，德国细胞学家R·福尔根（1884—1955）发现核酸中的戊糖有两种：核糖与脱氧核糖。根据含糖的不同，核酸就分为核糖核酸（RNA）与脱氧核糖核酸（DNA）。

1929年，科塞尔的学生、俄裔美国生物化学家P·A·列文（1869—1940）发现核酸碱基的主要成分是腺嘌呤、鸟嘌呤、胸腺嘧啶、胞嘧啶。列文还证明核酸是由更简单的核苷酸组成的，而核苷酸则是依碱基、核糖、磷酸的顺序连接而成。

列文为探明核酸的成分作出了重要贡献，但他错误地以为核酸结构比较简单，并且这一观点当时得到了广泛认同，所以科学家认为核酸难以承担起复杂多样的遗传功能。染色体的主要成分除了核酸以外，还有蛋白质，因而科学家们普遍倾向于结构复杂的大分子蛋白质是遗传信息的载体。

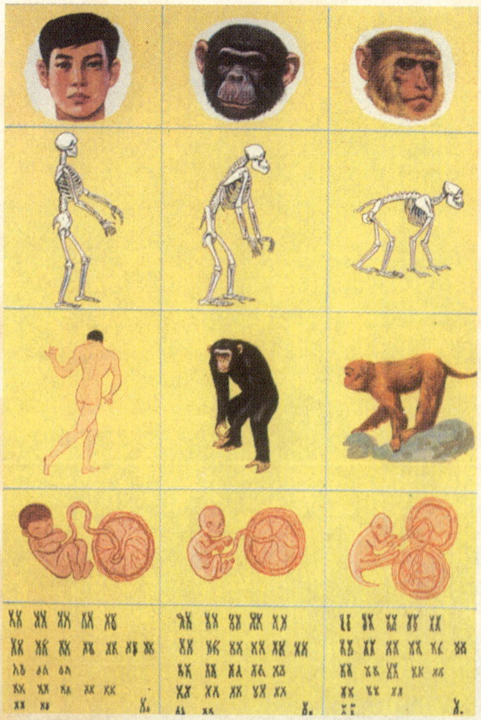

人、猿、猴的骨骼、体形、胎盘和染色体比较

美国细菌学家艾弗里

德裔美国生物学家、物理学家德尔布吕克

意大利裔美国生物学家卢里亚

7. 生命的遗传物质是 DNA

1928年，英国细菌学家F·格里菲思（1877—1944）对S型和R型两种肺炎球菌进行研究，少量的S型菌就会使小鼠患肺炎而死亡，而R型菌则不会。一次，格里菲思把加热杀死的S型菌和活的R型菌混合注射到小鼠身上，小鼠竟然也患病死亡了。这是怎么回事呢?这就是著名的“格里菲思之谜”。

1944年，美国细菌学家O·T·艾弗里（1877—1955）等人在实验中发现：死去的S型菌并未复活，而是S型菌的DNA进入了R型菌，使其转化为新的S型致病肺炎球菌。艾弗里等人的实验不仅揭开了“格里菲思之谜”，并且在世界上第一次用实验结果确切地证明遗传基因就在DNA上。

但当时遗传学界的主流观点是蛋白质承担着遗传信息载体的作用，大多数人并不接受艾弗里的发现。

美国遗传学家赫尔希

1943年，德裔美国生物学家、物理学家M·德尔布吕克（1906—1981），意大利裔美国生物学家S·卢里亚（1912—1991），美国遗传学家A·D·赫尔希（1908—1997）合作发现了病毒的复制机制。1952年，他们又分别发现在上述复制机制中起决定性作用的遗传物质是DNA。他们因此于1969年获得诺贝尔生理学或医学奖。

这些研究表明：从遗传学观点看，染色体中的蛋白质是“多余”的；RNA只在那些不含DNA的病毒中起着决定遗传的作用；而大部分生物体内，遗传的功能主要是由DNA承担的。生物舞台上的配角DNA而今一跃成为光彩夺目的主角。

从1857年孟德尔进行豌豆杂交实验算起，到20世纪40年代末，经过无数科学家近百年的探索，蒙在生命遗传奥秘上的面纱正在一层层地剥去。

科学探索的道路是螺旋式的，科学家们在阶梯上不断攀登，一个新的螺旋即将展现在他们的眼前，而这将引起一场生命科学的革命。

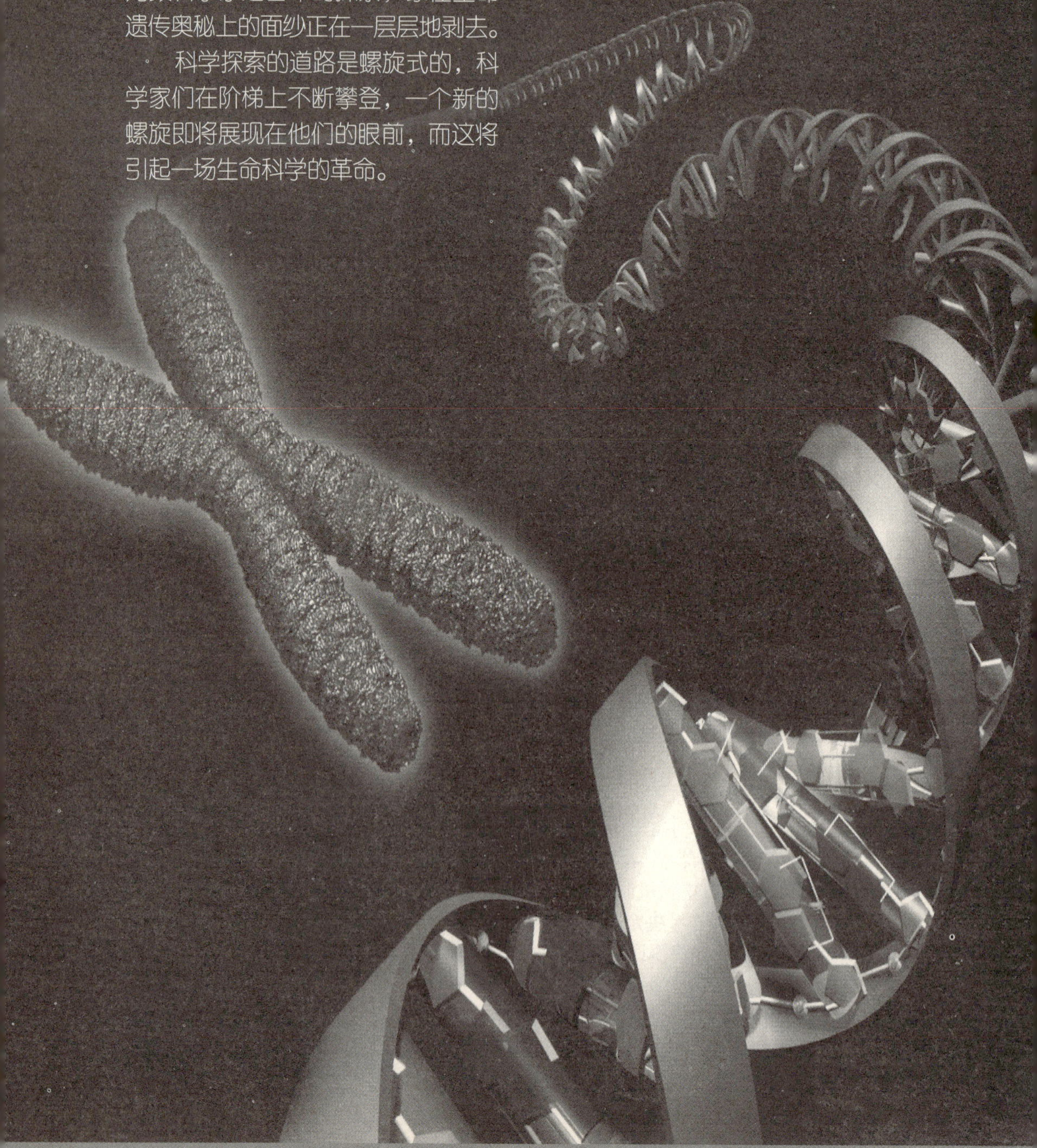

二　发现生命的螺旋

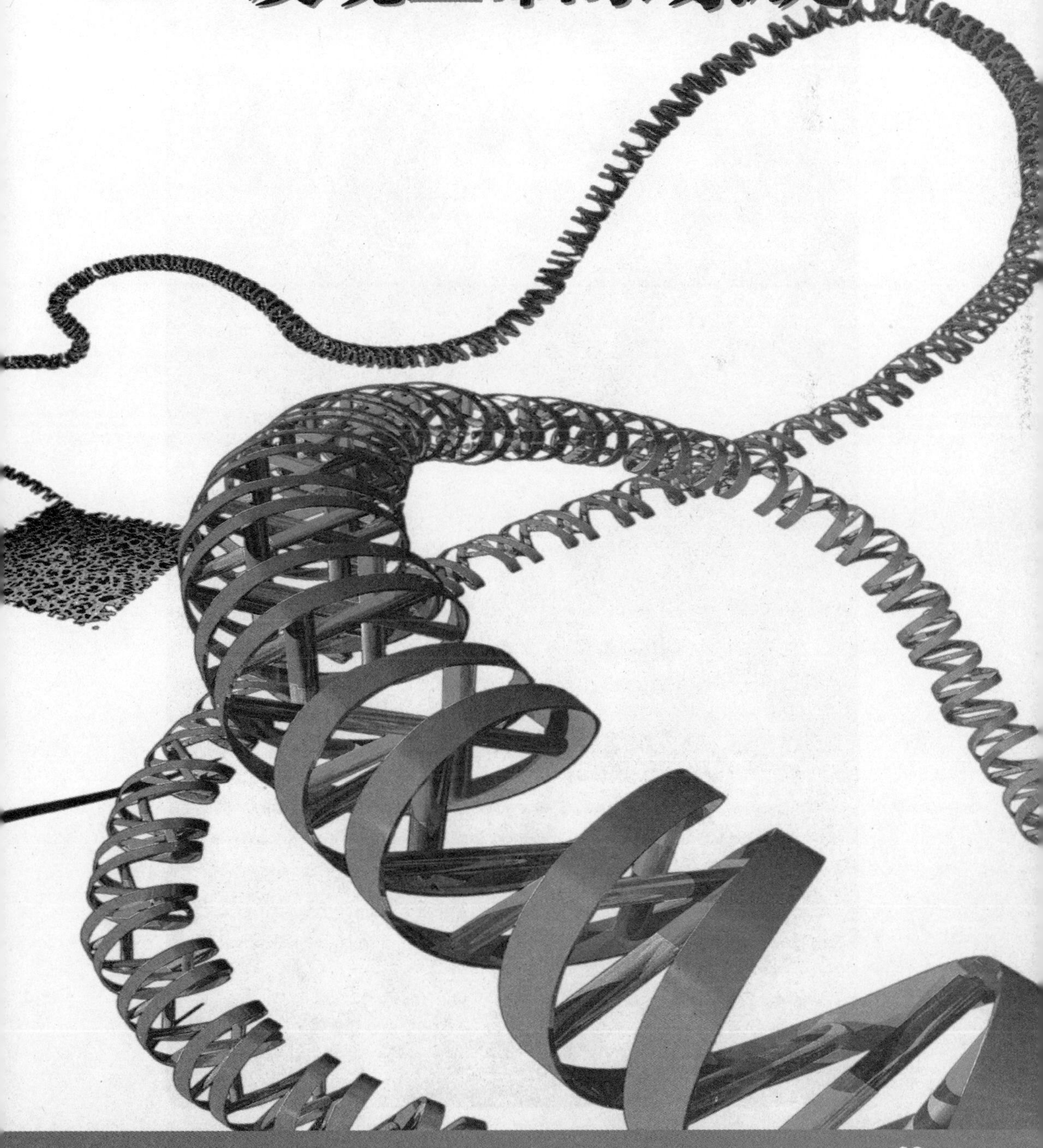

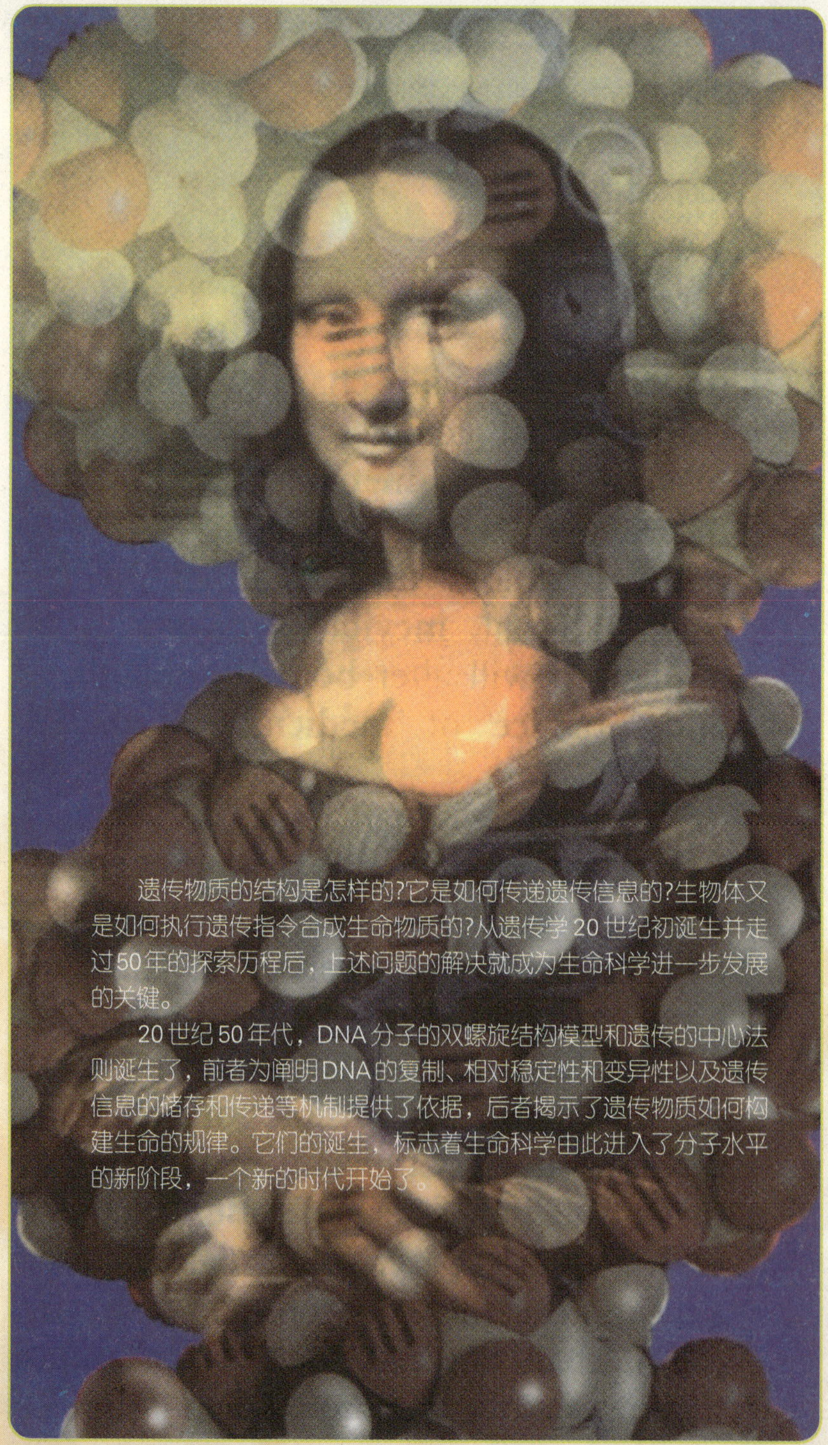

遗传物质的结构是怎样的?它是如何传递遗传信息的?生物体又是如何执行遗传指令合成生命物质的?从遗传学20世纪初诞生并走过50年的探索历程后，上述问题的解决就成为生命科学进一步发展的关键。

20世纪50年代，DNA分子的双螺旋结构模型和遗传的中心法则诞生了，前者为阐明DNA的复制、相对稳定性和变异性以及遗传信息的储存和传递等机制提供了依据，后者揭示了遗传物质如何构建生命的规律。它们的诞生，标志着生命科学由此进入了分子水平的新阶段，一个新的时代开始了。

1. 发动生物学革命的物理学家

奥地利物理学家、1933年诺贝尔物理学奖获得者E·薛定谔（1887—1961）是量子力学理论的创建人之一。第二次世界大战期间，薛定谔逃离了德国纳粹统治下的祖国，来到爱尔兰首都都柏林从事教学和研究工作。他经常到各高等学府举办讲座，内容并不局限于学术领域，更多的是具有科普性质的内容。其中，生命科学的系列讲座特别受听众欢迎。1944年，薛定谔把讲稿整理成一本不到100页的小册子《生命是什么——活细胞的物理学观》。书中，他预言了生命科学的理论与方法正面临着重大的突破，生命科学的研究深度将从生命的表面现象和细胞的层次，深入到分子的水平。他还提出将物理学、化学的理论与方法引进生命科学的研究之中。

奥地利理论物理学家薛定谔因提出量子力学的波动力学方程，获1933年诺贝尔物理学奖

1943年，薛定谔（右一）在都柏林大学与德国物理学家、1954年诺贝尔物理学奖获得者玻恩（左二）等人的合影

英文版的《生命是什么——活细胞的物理学观》

薛定谔写作《生命是什么——活细胞的物理学观》的目的是想从复杂的生命物质运动中发现未知的物理学定律。这一目的虽然未能实现，但该书产生了广泛的影响，一大批年轻的物理学家或物理学专业的大学生被它吸引到生命科学的学习与研究之中，其中就有因建立DNA双螺旋结构模型荣获1962年诺贝尔生理学或医学奖的沃森、克里克和威尔金斯，因发现噬菌体在细胞内增殖过程中的作用荣获1969年诺贝尔生理学或医学奖的卢里亚，因完成世界首次分子水平上的基因重组、创立现代基因工程技术而荣获1980年诺贝尔化学奖的伯格，因发现核糖核酸（RNA）的细胞催化功能而荣获1989年诺贝尔化学奖的奥尔特曼等人。因而，这本书被人们称为从思想上“唤起生物学革命的小册子”。

薛定谔

沃森

克里克

威尔金斯

卢里亚

伯格

奥尔特曼

从我读到薛定谔的《生命是什么?》那一刻起，我就希望发现基因的秘密。

——美国生物学家　沃森

2. 探索DNA双螺旋结构的竞赛

50年代初，人们已普遍承认DNA是最重要的遗传物质，遗传信息就存储在DNA分子多核苷酸链上的4种碱基的特定序列上，进一步阐明其结构和功能已成为迫切的任务。这时，有三组科学家在进行DNA结构的研究，他们是：美国加州理工学院的鲍林，英国剑桥大学国王学院的R·富兰克林与M·威尔金斯，剑桥大学卡文迪什实验室的J·D·沃森与F·克里克。这是一场实力与智慧的科学竞赛。

L·C·鲍林（1901—1994）是美国著名化学家，1931年就将量子力学用于化学领域，阐明了化学键的本质，这使他后来获得了1954年诺贝尔化学奖。1950年，他首先阐明并发现了氨基酸链的α螺旋状结构。此后，鲍林又投入了DNA结构的研究。他是最早认定DNA分子具有与氨基酸链类似的螺旋结构的科学家，而且研究的环境最优越，但他错误地认为DNA分子是由三股螺旋组成的，这使他误入歧途。

鲍林在白宫前参加反对核武器的游行

唯一获得诺贝尔科学奖与和平奖的科学家

鲍林既是一位在多个研究领域取得重大成果的科学家，又是一个富有正义感的社会活动家。20世纪50年代他积极组织和参加反对核武器的和平运动，为此他受到美国政府的传讯与长期监视。1958年他发起并组织了有世界各国上万名著名科学家签名的呼吁书，要求美、苏等国停止核试验，裁减核军备。他因此荣获了1962年诺贝尔和平奖。

鲍林在工作室中

英国女生物学家富兰克林

英国生物物理学家威尔金斯

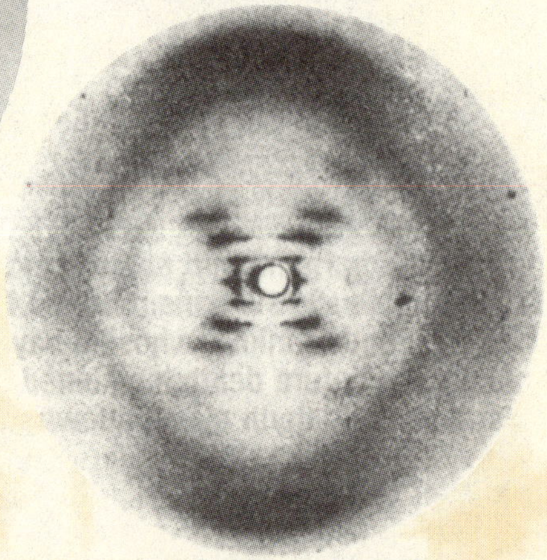

富兰克林拍摄的 DNA 的 X 射线衍射照片

英国女生物学家富兰克林（1920—1958）是最早认定DNA具有双螺旋结构的科学家，并且运用X射线衍射技术拍摄到了清晰而优美的DNA照片，为探明其结构提供了重要依据，她还精确地计算出DNA分子内部结构的轴向与距离。而英国生物物理学家威尔金斯（1916— ）则计算出DNA分子螺旋的直径与长度。他们二人还对DNA分子的结构作出了确切而关键性的描述：磷酸根在螺旋的外侧，碱基在螺旋内侧。

英国剑桥大学国王学院1946年就设立了DNA结构研究室，富兰克林与威尔金斯拥有充足的经费和先进的技术设备，他们与成功地探明DNA双螺旋结构只有咫尺之遥，但却未能跨出最后也是最关键的一步。这一方面是因为他们认为探索DNA结构的唯一途径是使用晶体学和数学计算的方法，拒绝采用建立结构模型的方法；另一方面是由于人际关系等方面的因素。

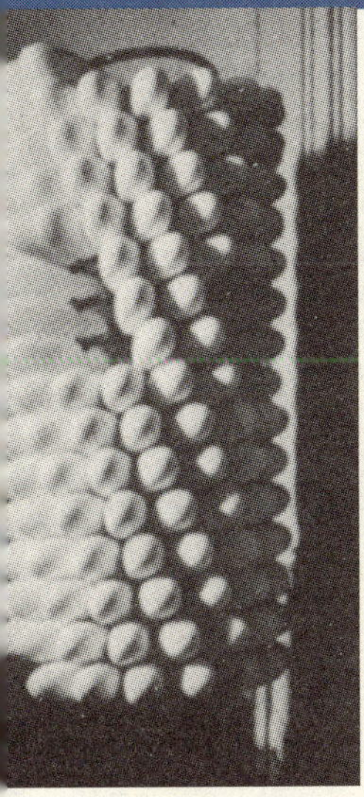

英国剑桥大学

烟草病毒结构模型。富兰克林逝世后，英国生物化学家克鲁格继续并完成了她的这一研究课题。克鲁格后来荣获了1982年诺贝尔化学奖

与诺贝尔奖擦肩而过的女科学家

1956年富兰克林被诊断出患有癌症，手术后她仍坚持研究工作。她于1958年逝世，年仅38岁。4年后，沃森、克里克和威尔金斯因对DNA双螺旋结构的研究成果获得了诺贝尔生理学或医学奖，而富兰克林榜上无名。因为诺贝尔奖不授予已逝世的科学家。

英国女生物学家富兰克林在实验室中

在英国剑桥大学国王学院的实验室中，富兰克林虽然是唯一适合运用X射线衍射技术研究DNA结构的科学家，但她发现自己是处于一种对女科学家充满敌意的环境中，很难与同行们进行讨论与交流，并且她与后来派来做她上司的威尔金斯关系不融洽。富兰克林对DNA的研究工作取得了重要进展，却被有关方面要求停止这方面的进一步研究。1951年她离开了国王学院，到伦敦大学伯克贝克学院从事烟草病毒结构的研究。虽然威尔金斯还邀请她继续参与DNA的研究，但这些因素还是对他们二人的工作产生了不利的影响。在很长一段时期，富兰克林的工作没有得到应有的承认。

到1951年9月，富兰克林与威尔金斯在DNA结构的研究上已经非常接近胜利的终点了。就在这时，出现了两个年轻的竞争者。

卡文迪什实验室老楼。该实验室成立于1871年，原是剑桥大学的核物理、粒子物理学研究所。1938—1953年，在W·L·布拉格（即小布拉格）主持下，该实验室将研究领域向固体物理学、射电天文学和分子生物学等方面拓展

英国物理学家W·L·布拉格（1890—1971）。他因运用X射线衍射技术对晶体结构进行分析方面的成就获得1915年诺贝尔物理学奖时，年仅25岁，是诺贝尔奖历史上最年轻的获奖者

英国生物物理学家克里克

美国生物学家沃森

童年克里克与弟弟的合影

科学少年之烦恼

童年时的克里克对外部世界充满了好奇，整天在琢磨许多事情。一天，他忧心忡忡地问母亲：当我长大之后，如果世界上重要的科学发现已被挖掘干净，我是否会无事可做?母亲告诉他，科学上有很多有待人们发掘的奇异世界，有很多人们没有发现的事情，完全不必担心，长大以后是可以大有所为的。听了母亲的话，小克里克的疑虑打消了，他的好奇心、进取心和自信心更加强烈了。

克里克（1916—　）在大学学的是物理专业，毕业后攻读物理学研究生。第二次世界大战爆发后，他中断学业参军。战后，他受薛定谔的《生命是什么?》一书的影响，转而学习生物学，1949年进入剑桥大学卡文迪什实验室师从英国著名分子生物学家M·F·佩鲁茨（1914—　）攻读研究生。

1951年，沃森（1928—　）在美国获得博士学位后，5月份在一次国际大分子结构研讨会上聆听了威尔金斯关于DNA的X射线衍射研究的报告，引发了他对这一研究的兴趣。9月，他也来到卡文迪什实验室，在英国著名分子生物学家J·C·肯德鲁（1917—1997）的手下进行博士后研究。

当时，佩鲁茨与肯德鲁正在合作运用X射线衍射技术研究血红蛋白和肌红蛋白的分子结构。作为他们的学生和助手，克里克与沃森被安排共用一间办公室。两个年轻人都是《生命是什么?》的忠实读者，又都对从分子生物学的角度研究遗传基因感兴趣，于是结成了事业上的合作伙伴。他们决定进行DNA结构的研究。

在三组DNA结构研究人员中，沃森和克里克资历最浅，知识与经验最缺乏，也没有进行过相关的实验，而且DNA结构不是他们的本职研究课题，但他们却在这场科学竞赛中赢得了胜利。

克里克与沃森认为：当时的X射线晶体衍射技术水平尚不足以清晰显示生物大分子较为复杂的三维图像，仅靠数学计算，难以确定大分子中所有原子的准确位置。如果设想DNA分子呈螺旋状，则不妨依据X射线衍射图上的几组数据，先构建出分子模型的大模样，再不断调整其中原子排列的细节，直到其与真实分子的衍射图十分接近为止，此时得到的即应是DNA的实际立体结构。

不久，克里克、沃森得知美国化学家鲍林正是依据结构化学的简单原理，通过构建分子模型的途径，发现了蛋白质多肽链的α螺旋结构。这更使他们确信：解决DNA分子结构之路在于构建模型。

美国化学家鲍林与他所建立的蛋白质多肽链α螺旋结构模型

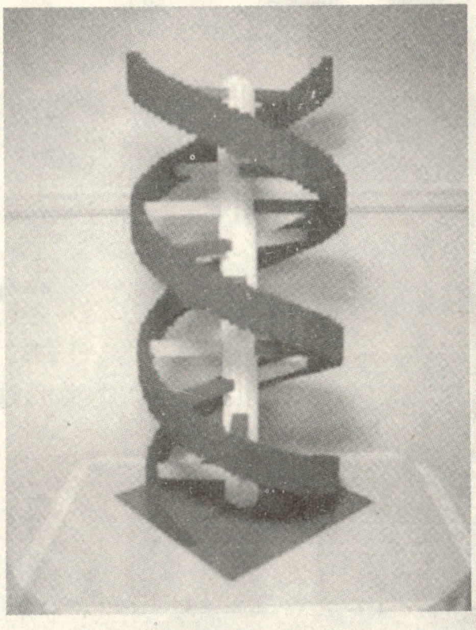

沃森、克里克成功的重要原因之一是他们选择了正确的研究途径——以类似于儿童搭积木的方法构建DNA结构的模型

沃森在实验室中

我对这个世界充满了好奇，如果我的热情被激发起来，我就会去分析它、探索它，并且我是愿意努力工作的。

——克里克

剑桥大学卡文迪什实验室新楼。这里先后诞生了26位诺贝尔科学奖获得者，是世界著名的研究机构

1951年11月，沃森听了富兰克林关于DNA结构的学术报告。沃森和克里克认识到：由于DNA的结构分析研究并非他们份内的工作，没有研究经费，也没有从实验中直接得到数据的条件，所以只能利用别人的数据进行分析，从而建立自己的分子结构模型。他们很快就提出了一个三股螺旋的DNA结构的设想。

但当他们请威尔金斯和富兰克林来讨论这个模型时，富兰克林当即指出DNA结构应是双螺旋，而且他们把DNA的含水量少算了一半。这是由于沃森在听富兰克林的报告时没有做记录，富兰克林估算出DNA分子中每个核苷酸是由8个水分子环绕着的，而沃森却用脑子记成了每一段的DNA分子含有8个水分子。于是第一个模型宣告失败。

1952年12月，鲍林宣布建立了DNA分子的结构模型。但他也犯了与沃森、克里克同样的错误，建立了一个三螺旋模型，并且没有注意到4个碱基两两对应的关系，所以也失败了。

克里克（左二）与克鲁格（左四）、富兰克林（右三）、肯德鲁（右一）等人在一次学术会议上的合影

沃森（左）、克里克和他们的第一个DNA双螺旋结构模型

沃森、克里克搭建的DNA双螺旋结构模型现收藏于纽约科学博物馆

1952年，奥地利裔美国生物化学家查戈夫（1905—　）测定了DNA中4种碱基的含量，发现其中腺嘌呤与胸腺嘧啶的数量相等，鸟嘌呤与胞嘧啶的数量相等。这使沃森、克里克立即想到4种碱基之间存在着两两对应的关系，形成了腺嘌呤与胸腺嘧啶配对、鸟嘌呤与胞嘧啶配对的概念。

1953年2月，沃森、克里克通过威尔金斯看到了富兰克林在1951年11月拍摄的一张十分漂亮的DNA晶体X射线衍射照片，这一下激发了他们的灵感。他们不仅确认了DNA一定是螺旋结构，而且分析得出了螺旋参数。他们采用了富兰克林和威尔金斯的数据和判断，并加以补充：磷酸根在螺旋的外侧构成两条多核苷酸链的骨架，方向相反；碱基在螺旋内侧，两两对应。

一连几天，沃森、克里克在他们的办公室里兴高采烈地用铁皮、铁棍和铁丝搭建着模型。1953年2月28日，第一个DNA双螺旋结构的分子模型终于诞生了。

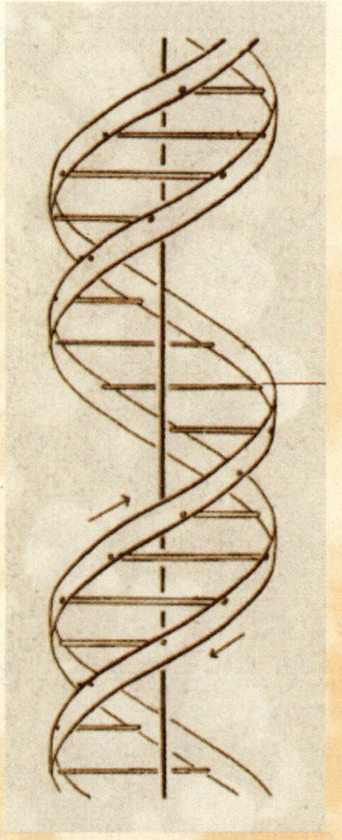

由克里克夫人、美术家奥迪勒设计的DNA双螺旋结构示意图。两条螺旋带代表两条磷酸糖链，中间的水平杆代表碱基对，竖立在中央的线表示轴

1953年4月25日，英国著名的科学期刊《自然》杂志发表了沃森、克里克的一篇优美精炼的短文，宣告了DNA分子双螺旋结构模型的诞生。这一期杂志还发表了富兰克林和威尔金斯的两篇论文，以实验报告和数据分析支持了沃森、克里克的论文。

这一年，沃森年仅25岁，克里克也只有37岁，尚未获得博士学位。这两个年轻人之所以超越了其他看似更具实力的竞争者，赢得了这场科学赛跑的胜利，是由于他们具有清醒的宏观洞察力、非凡的科学想像力和严密的逻辑思维能力，选择了正确的研究路线，广泛借鉴他人的研究成果并加以综合性的科学思考。

1962年，沃森、克里克与威尔金斯因研究DNA双螺旋结构模型的成果，共同荣获了诺贝尔生理学或医学奖。

诺贝尔奖奖牌

不做书呆子

沃森从少年到老年都是一个贪玩的“孩子”。他喜欢玩，爱看电影、到处旅游，孩提时最大的“野心”，就是能成为纽约市的美国自然历史博物馆馆长。他少年时曾说：自己应该成为有“非凡建树的科学名人”，而不是“书呆子样的学者”。

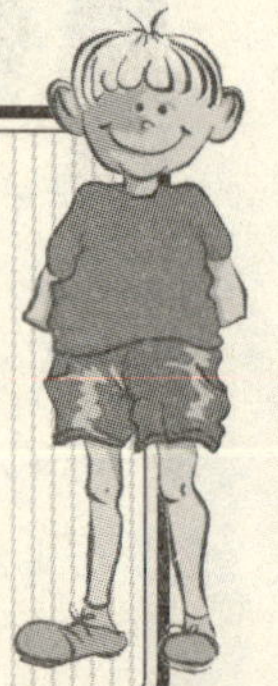

1962年诺贝尔奖的颁奖典礼上沃森（右二）、克里克（左三）与导师佩鲁茨（左二）、肯德鲁（右一）及威尔金斯（左一）的合影。这一年佩鲁茨、肯德鲁也因血红蛋白和肌红蛋白分子结构的研究成果获得了诺贝尔化学奖

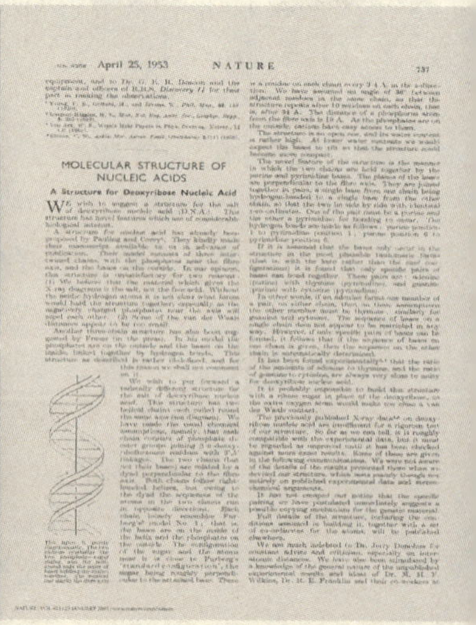
April 25, 1953 NATURE 737

MOLECULAR STRUCTURE OF NUCLEIC ACIDS

A Structure for Deoxyribose Nucleic Acid

英国《自然》杂志1953年4月号上沃森、克里克的论文

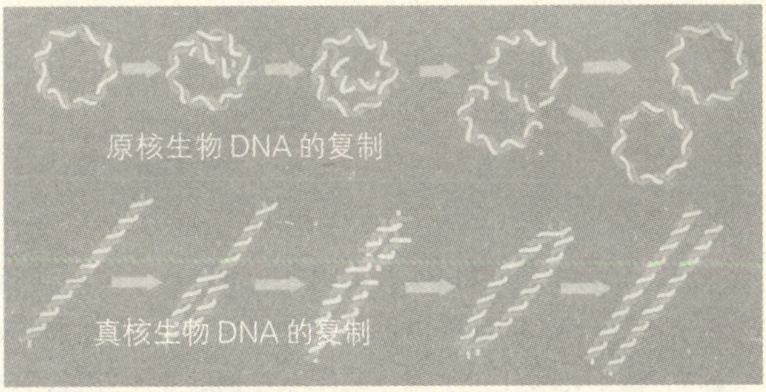

双螺旋模型的意义，不仅意味着探明了DNA分子的结构，更重要的是它还提示了DNA的复制机制：由于腺嘌呤总是与胸腺嘧啶配对、鸟嘌呤总是与胞嘧啶配对，这说明两条链的碱基顺序是彼此互补的，只要确定了其中一条链的碱基顺序，另一条链的碱基顺序也就确定了。因此，只需以其中的一条链为模版，即可合成复制出另一条链。这就是DNA的半保留复制机制。

克里克从一开始就坚持要求在论文中加上“DNA的特定配对原则，立即使人联想到遗传物质可能有的复制机制”这句话。他认为，如果没有这句话，将意味着他与沃森“缺乏洞察力，以致不能看出这一点来”。

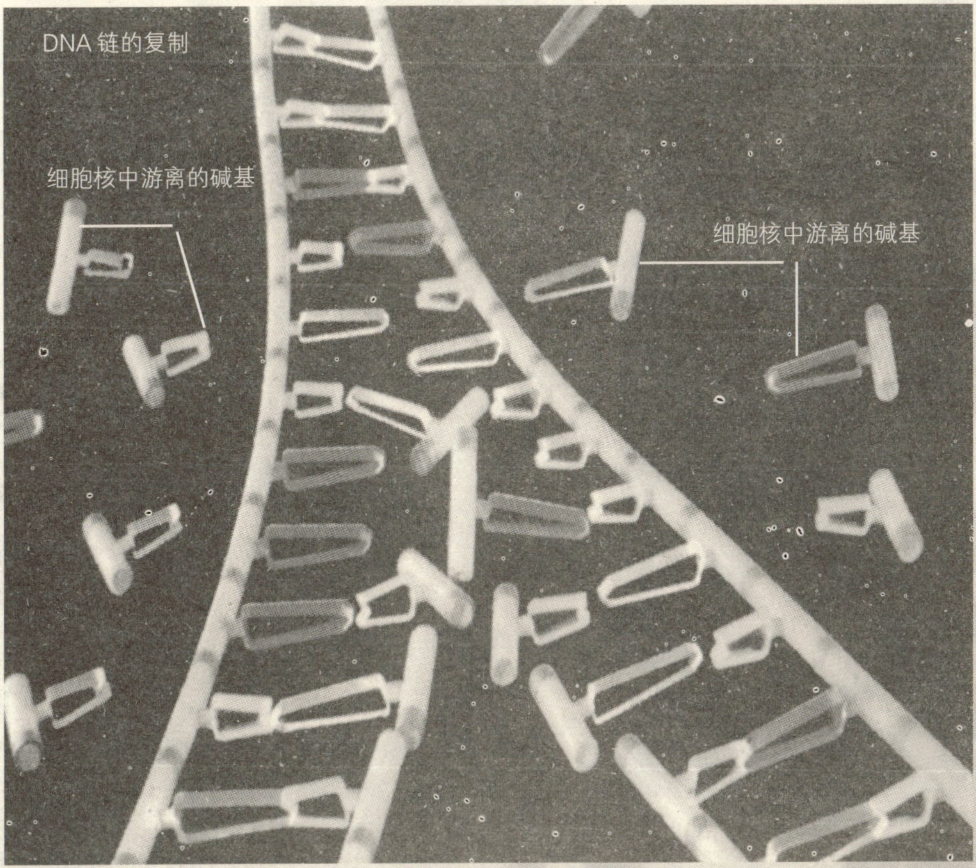

3. 遗传信息是如何传递的

参加法兰西军团时的雅各布

蛋白质是生命体的重要物质。在它的合成过程中，要接收来自DNA的遗传信息。但DNA是细胞核内的物质，而蛋白质却在细胞质中，DNA这样的生物大分子是不可随意穿越核膜进入细胞质的。细胞核内的遗传密码又是如何被带入到细胞质去的呢?1957年，克里克首次提出了蛋白质合成的“中心法则”，即遗传信息的走向是由DNA传递给RNA（核糖核酸），再由RNA传递给蛋白质。第二年，他又提出：RNA在把氨基酸携带到肽链进行生物合成的过程中，可能存在一种“受体”。根据这一设想，科学家们很快就在实验中发现这种“受体”是一种转运RNA（tRNA）。

1961年，法国分子生物学家莫诺（1910—1976）与法国生物化学家雅各布（1920—　）合作提出了“信使核糖核酸”（mRNA）的概念，mRNA的作用是从DNA长链上转录所需要的遗传密码片段，成为合成蛋白质的模版。他们的设想也很快得到了证实。由于这一成果，莫诺与雅各布于1965年获得诺贝尔生理学或医学奖。

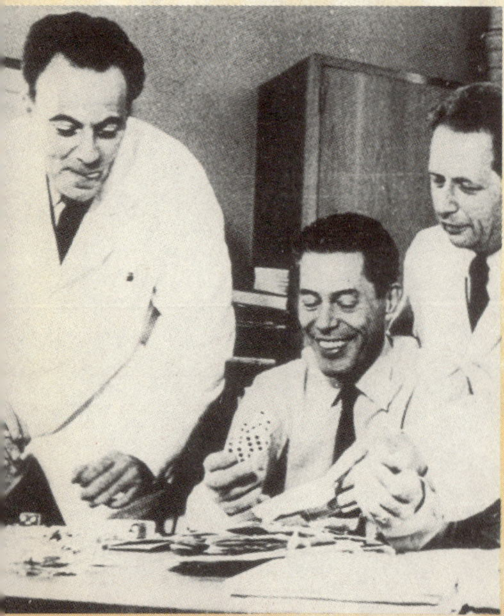

法国分子生物学家莫诺（中）与法国生物化学家雅各布（左）。他们二人在第二次大战期间都是反法西斯战士。

塞翁失马，焉知非福

雅各布从小就立志当一名外科医生，后来上了医学院。第二次世界大战期间，他参加了反对德国法西斯的法兰西军团。在解放法国的诺曼底战役中，他为了救治受伤的战友，右手负伤并落下残疾。不能再实现当外科医生的理想，曾使他一度消沉。但他很快就振作起来，转而学习和研究生物学，取得了重要成就，获得了诺贝尔奖。

后来有人说：雅各布右手伤残使法国少了一名外科医生，却因此多了一名杰出的生物化学家。

遗传信息为什么不直接把氨基酸运送到细胞核中的DNA那里去合成蛋白质呢?科学家们认为，细胞中的DNA是生物传宗接代的根本，是遗传信息的“原件”，是一张宝贵的“绝密图纸”，千万不能遗失。所以，它只能锁在细胞核中，只允许复印和抄录，不允许带出。此外，细胞核内空间狭小，合成工程不宜在此进行。

DNA在指挥合成生产蛋白质时，它的双链首先拆开，以其中一条链为模板合成mRNA，这个合成的过程是按照碱基互补配对原则进行的。转录后的mRNA带有合成蛋白质的全部信息，然后离开细胞核，与细胞质中的小颗粒结合在一起，这个小颗粒叫“核糖体（rRNA）”。细胞里的蛋白质都是在这个小颗粒里合成的，因此可以说，核糖体是细胞中合成蛋白质的“车间”。

要把mRNA翻译成蛋白质，还需要一个“译员”和“搬运工”，它也必须认识mRNA上的文字——遗传密码，以及蛋白质的文字——氨基酸。这个“译员”和“搬运工”就是转运RNA（tRNA），它的工作就是领着特定的氨基酸，来到核糖体那里与mRNA“对号入座”，一个一个的氨基酸被不断地加长，直到完成整条肽链的合成。RNA合成蛋白质的效率是惊人的，有的每分钟可以连接1 500个氨基酸。

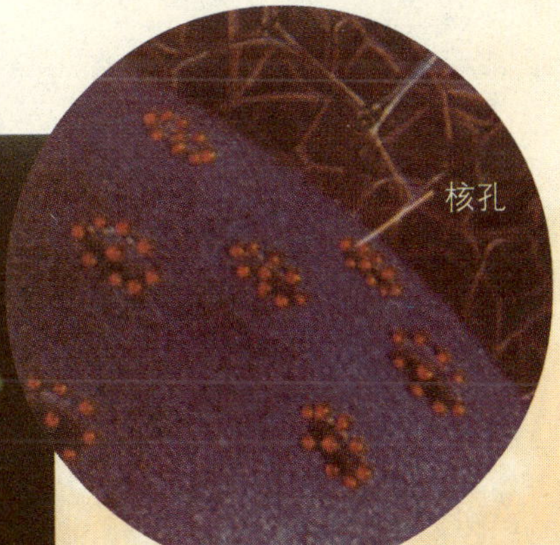

细胞核膜的表面有许多核孔，核糖核酸（RNA）正是通过核孔进入细胞质，完成传递遗传信息的任务

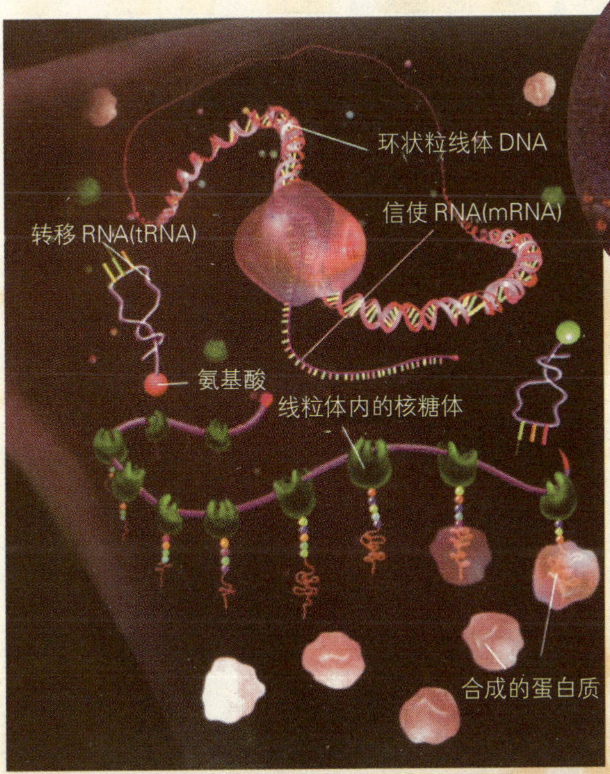

蛋白质的合成过程

转录　　翻译

DNA ⟶ RNA ⟶ 蛋白质

DNA上的遗传信息先转录成mRNA，在rRNA和tRNA的参与下，将信息再翻译成蛋白质。这就是遗传学中的“中心法则”。

一份原件（DNA），一张蓝图（从DNA长链上转录的遗传密码片段），一个信使（mRNA），一个车间（rRNA），一个译员和搬运工（tRNA），一条多肽链，当然还有做辅助工作的酶，这就是一个蛋白质合成的全部工序，也是遗传信息的流向图。

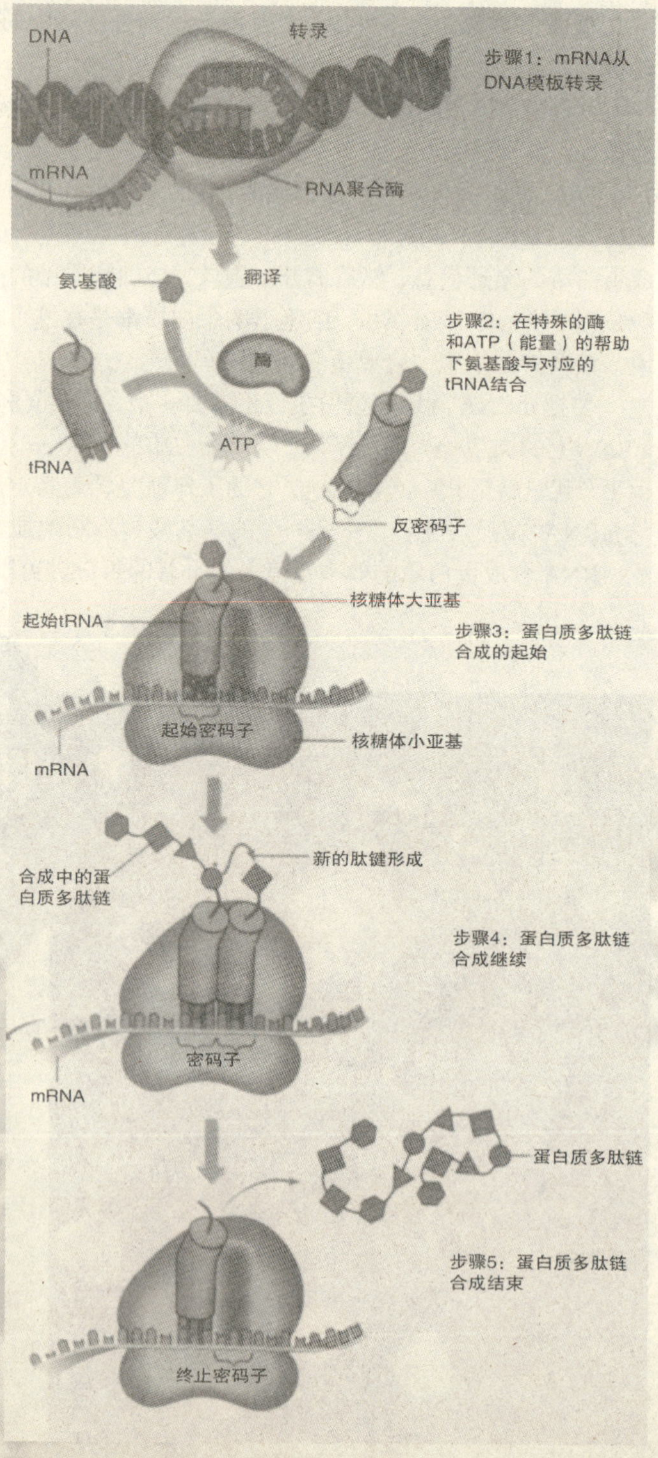

美国病毒学家特明

克里克在提出“中心法则”时曾指出，遗传信息是沿DNA–RNA–蛋白质的方向流动的，遗传信息不可能从RNA回到DNA。

后来科学家们发现，信息从DNA到RNA的流动也能够被逆转，这一现象发生在一组被称为逆转录病毒的病毒中。与艾滋病相关的人体免疫缺陷病毒（HIV）就是一种逆转录病毒。病毒不能独立存在，必须侵入到宿主细胞中，并接管它的细胞机器，这样才能表达自己的基因。逆转录病毒的遗传物质是一条单链RNA。在宿主细胞中，为了复制，它先把自己的以RNA为基础的基因复制成一条DNA链（这是正常转录的逆过程，正常转录是从DNA中得到一份RNA拷贝）。在这一过程中形成了一条RNA–DNA双链，然后RNA链分解，DNA再形成双链。这时，病毒基因同宿主细胞的基因是同一种形式，这使宿主细胞毫不知情地接受了它们，将它们与自己的基因同等看待。

病毒用于催化上述从RNA到DNA的三个步骤的酶叫逆转录酶，它是1970年由美国病毒学家特明（1934—1994）和巴尔的摩（1938—　）发现的，其中巴尔的摩的夫人、著名华裔女生物学家黄诗厚曾做出了重要的贡献。逆转录酶的发现揭示了生物遗传中存在着由RNA形成DNA的过程，发展和完善了“中心法则”。

美国病毒学家巴尔的摩

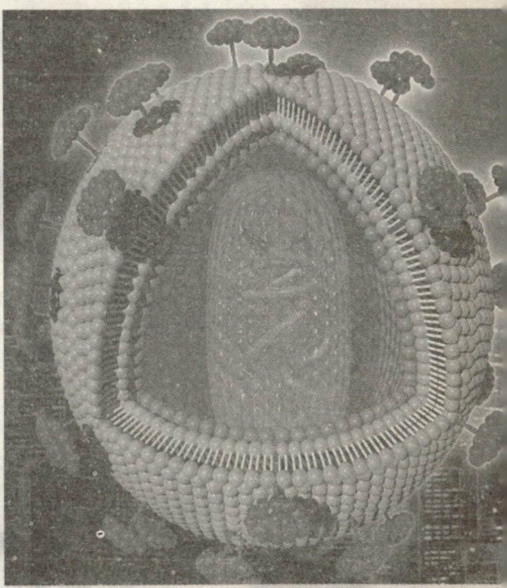
逆转录病毒与逆转录酶

少年时代的特明

同一座夏令营中的诺贝尔科学奖获得者

特明15岁那年参加了杰克逊研究室举办的中学生暑期夏令营。杰克逊研究室当时是美国著名的生物医学研究中心，夏令营是专为有志于科学事业的少年而举办的，以生物学为主题，旨在唤起孩子们研究癌症的兴趣，一批来自大学、研究机构的学者们为孩子们义务讲课，并辅导孩子做实验、解剖小动物。夏令营的活动激发了特明对生物学的好奇心，并连续3年参加了该夏令营。中学毕业后特明报考了斯沃思莫尔大学生物学系，决定从事有关生物学的研究。在他大学毕业报考研究生那一年的暑假，他再次来到杰克逊研究室夏令营，像当年的学者们一样担任小营员们的辅导员。

这一期夏令营中，有一名来自纽约的17岁少年巴尔的摩。他也像特明一样，在夏令营中树立了从事生物学研究的理想，并步特明的后尘，考入了斯沃思莫尔大学。

后来，这对师生和营友成为事业上的伙伴和合作者，并最终双双登上了1975年诺贝尔生理学或医学奖的领奖台。

特明（右）在夏令营中

特明（左排第三人）在夏令营中进行解剖兔子的实验

DNA 双螺旋结构模型与中心法则是密不可分的，它们以非常简洁明了而又极其优美的表达形式，共同揭开了生物遗传信息传递与生命物质合成的秘密。

如果说由孟德尔、摩尔根创立的基因遗传学说是细胞遗传学理论的代表，那么DNA双螺旋结构模型的建立则使遗传学完成了由细胞水平向分子水平的转变，标志着分子生物学的真正诞生，生命科学的历史由此开始了一个新的时代。

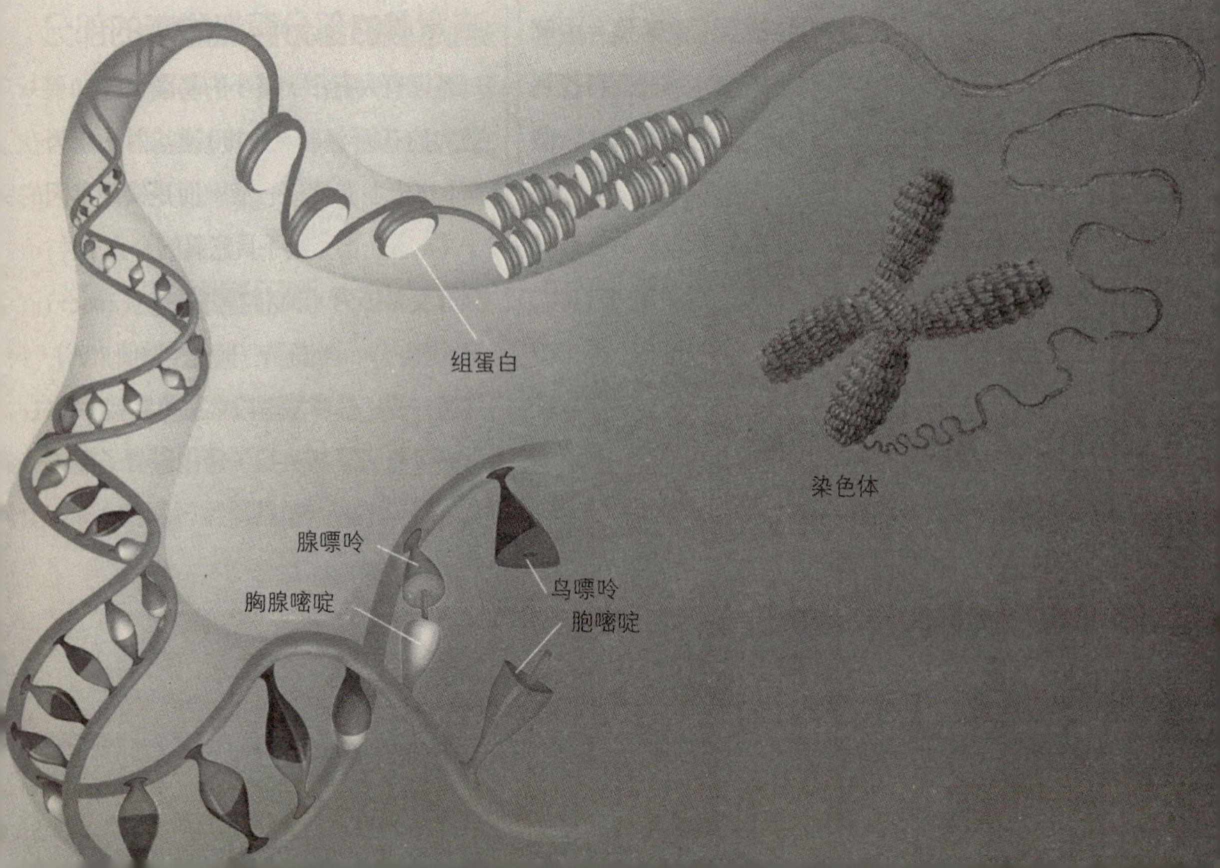

三 解读生命的螺旋

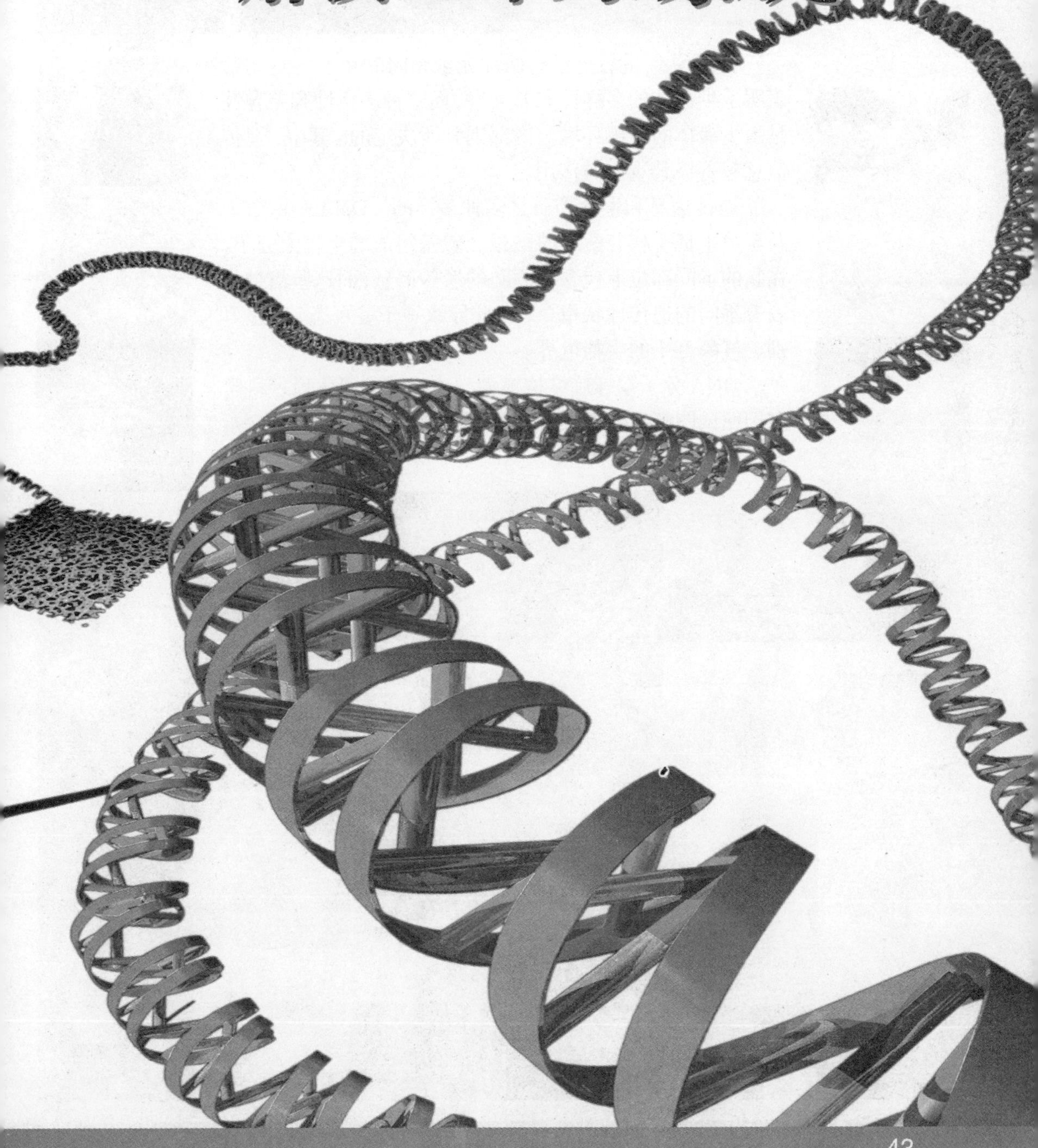

常言说：“世界上没有两片完全相同的叶子”。这句话表明了生命体的多样性和差异性，而这种多样性和差异性是由生命体的外部环境与内部因素所决定的。其中，遗传信息起着极其重要的作用。

遗传信息和生命物质是多种多样的。DNA是由数十乃至数十亿个核苷酸、磷酸根、碱基组成的生物大分子，在它的不同部位上包含着不同的遗传信息，而这些信息代表着不同的遗传性状指令，由此导致了千姿百态、千差万别、气象万千的生物世界。

DNA分子双螺旋结构模型、中心法则诞生后，科学家们便试图解读导致大千生物世界的各种遗传信息，探索其中的奥秘。

1. 破译生命遗传的密码

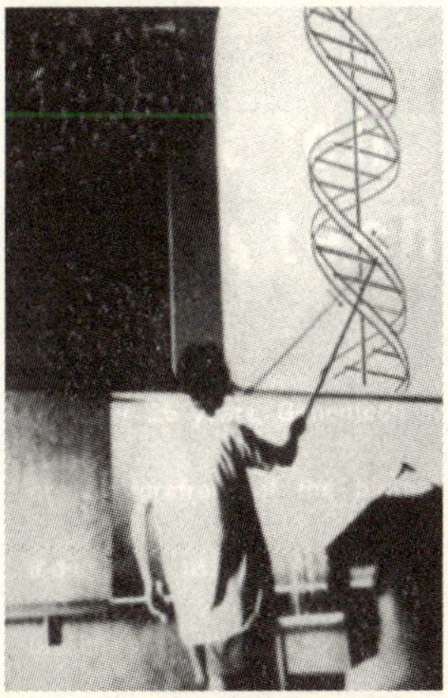

20世纪50年代中期，沃森在讲解DNA的双螺旋结构

位于美国纽约长岛的冷泉港，是世界著名的遗传学、分子生物学研究基地与学术交流中心

沃森和克里克于1953年夏在美国冷泉港学术讨论会上作DNA的结构及其遗传含意的报告后，与会的学者们围绕着DNA碱基顺序和蛋白质的氨基酸顺序之间的相互关系展开了热烈讨论，其中心议题是：4种不同的碱基怎样排列组合进行编码才能表达出20种不同的氨基酸。

第一个提出具体设想的是俄国出生的美国物理学家G·伽莫夫（1904—1968）。他认为碱基的不同组合可以决定氨基酸，从排列组合计算，两个碱基组成密码太少，只有$4^2=16$种；四个碱基组成密码又太多，有$4^4=256$种，三个碱基组成密码有$4^3=64$种，比较合适。他进一步推论：一种氨基酸可能有不止一个密码。

俄裔美国物理学家伽莫夫

小知识：遗传密码

遗传密码是指合成生物蛋白质的密码，是遗传信息的单位。它由构成核糖核酸（RNA）的4种不同核苷酸的不同组合所代表。每一密码由RNA分子中的3个相连核苷酸所组成，决定一个氨基酸。此外，还有代表遗传信息转译起点和终点的密码。

德裔美国生物化学家尼伦贝格

1959年诺贝尔生理学或医学奖获得者、西班牙裔美国生物化学家奥乔亚

巴基斯坦裔美国生物化学家霍拉纳

克里克在1961年同布伦纳（1927— ）等人用噬菌体突变体实验研究密码的比例和翻译的机制。实验表明，密码确是以三联体核苷酸的形式代表着20种不同的氨基酸，而且是由一个固定点开始，朝着一个方向一个挨一个地读下去，如果中间有一个核苷酸发生了增或减的差误，以下的密码都会发生变化。他还提出，很可能密码有同义语，不只一个密码代表着一个氨基酸。这就为伽莫夫的数学推论找到了实验的根据。

第一个用实验给遗传密码以确切解答的是德裔美国生物化学家尼伦贝格（1927— ）。1961年他和另一位德国科学家马太首先在实验室内发现了苯丙氨酸的密码是RNA上的尿嘧啶，并得到了单一苯丙氨酸组成的多肽长链。西班牙裔美籍生物化学家奥乔亚（1905—1993）和尼伦贝格分别测定了各种氨基酸的遗传密码。到1963年，20种氨基酸的遗传密码都被测出。而巴基斯坦裔美国生物化学家霍拉纳（1922— ）则在20世纪60年代用化学的方法合成了64种可能的遗传密码，并测试了它们的活性。到1969年64种遗传密码的含意全部得到了解答，至此，“遗传密码辞典”问世了。

1968年，尼伦贝格和霍拉纳因在破译遗传密码方面的重要贡献，获得了1968年诺贝尔生理学或医学奖。

RNA领带俱乐部

多年来科学家一直猜测RNA在蛋白质合成过程中扮演了重要角色。为了查清其中的奥秘，1954年，伽莫夫组建了RNA领带俱乐部，目的是要了解RNA是如何参与合成蛋白质的。伽莫夫定购了一批领带，在黑色的底面上用丝绸绣着一个RNA符号。俱乐部共有24名成员，其中20名代表氨基酸，4名代表碱基。每人的领带上面都有一个他所代表的氨基酸或碱基的符号。伽莫夫是丙氨酸（符号Ala），克里克是酪氨酸（Tyr），布伦纳是缬氨酸（Val）。俱乐部的成员们就密码和蛋白质合成交换意见。整个20世纪50年代里，在伽莫夫、克里克、布伦纳和俱乐部其他成员之间，关于RNA之谜的纯理论报告、便条和信件绕着地球飞来飞去。

遗传密码的破译，是20世纪生命科学中最令人激动的巨大成就之一，它对生命科学的意义可以和元素周期表在化学上的意义相比。这等于编著了一本生命科学的辞典，而这本辞典适应于从细菌到人类的一切生物。这些生物都是按照这本辞典查阅和翻译着自己的蛋白质，又按照这本辞典创造和传递着生命。

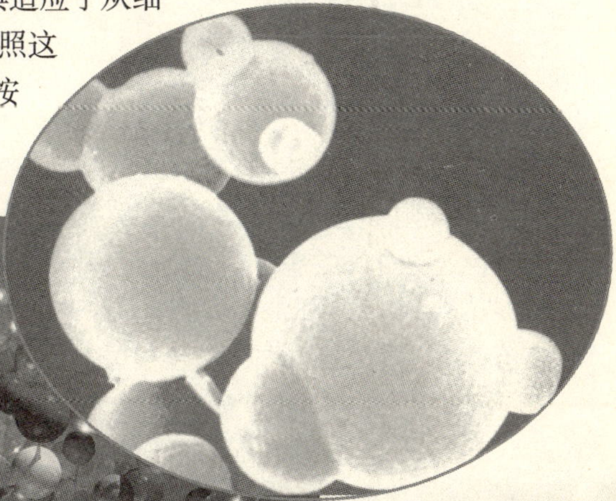

蛋白质由20种氨基酸按不同组合方式构成。蛋白质是一切生命的基础

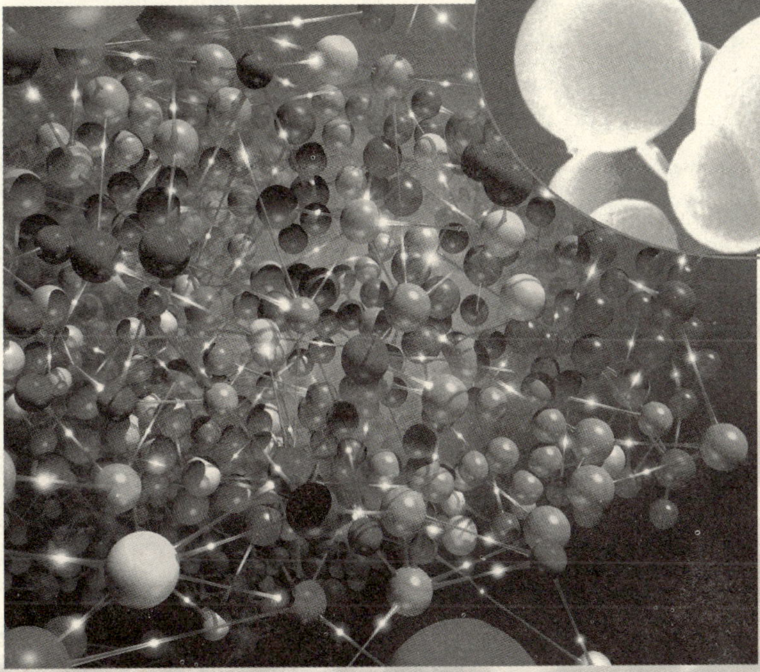

蛋白质结构模型局部

小知识：蛋白质与氨基酸

蛋白质是由多种氨基酸结合而成的高分子化合物，它是生物体的主要组成物质之一。蛋白质是生命活动的基础，如具有催化功能的酶、具有免疫功能的抗体、生物体内起运输作用的血红蛋白、有运动功能的肌肉蛋白、生物膜的结构蛋白、某些激素和毒素等都是蛋白质。

氨基酸是含有氨基的有机酸，是组成蛋白质的基本单位。1840年科学家发现了第一种氨基酸——甘氨酸，到1940年已发现了全部20种氨基酸。

2. 解读生命的“天书”

美国病毒学家、1975年诺贝尔生理学或医学奖获得者杜尔贝科

美国病毒学家R·杜尔贝科（1914—）1986年3月7日在美国《科学》杂志上发表了一篇题为《癌症研究的转折点——人类基因组的全序列分析》的文章，他指出：“人类DNA序列是人类的真谛，这个世界上发生的一切事情，都与这一序列息息相关。”该文后来被称为“人类基因组计划”的“标书”。

1989年，美国国立卫生研究院成立了人类染色体研究中心，沃森出任第一任主任。1990年，美国国会批准了“人类基因组计划”。同年10月1日，由多国科学家参加、被称为“生命科学阿波罗计划”的人类基因组计划正式启动。

沃森说：21世纪是存在于DNA中的生命说明书被解读并受其恩惠的时代。在“人类基因组计划”中，美国人承担了54%的任务

“人类基因组计划”的主要任务包括：找出人类DNA上的所有基因（当时估计约10万个，后来证实只有3万~3.5万个），确定30亿个碱基对的排列顺序；建立相应的数据库，进行数据分析，并分析此计划可能带来的人种、伦理及社会问题；对一些动物的遗传组成进行研究，包括大肠杆菌、果蝇和小白鼠等。

法国免疫学家和医学家，1980年诺贝尔生理学或医学奖得主让·多塞（1916— ）用自己的奖金于1983年底建立了人类多态性研究中心。该中心承担了“人类基因组计划”2.8%的测序任务。

日本承担了人类基因组计划7%的测序任务。图为日本人类基因组分析中心主任中村佑辅教授

中国是“人类基因组计划”中的唯一发展中国家，负责测定3号染色体短臂上的3 000万个碱基对，占人类基因组计划工作量的1%。图为中科院遗传所人类基因组中心主任、人类基因组计划中国协调人杨焕明

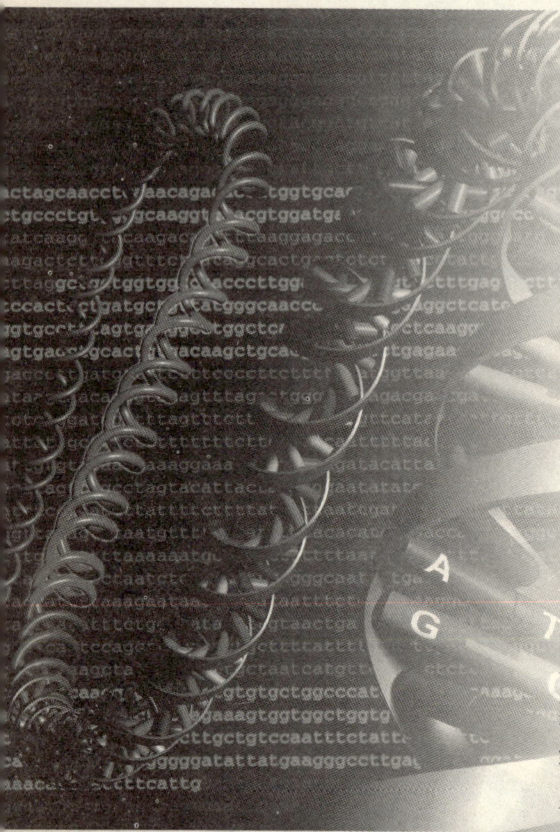

人类基因组计划要测定的是人体23对染色体中的所有DNA的序列，它由31.647亿个碱基对组成，共有3万～3.5万个基因。换句话说，生命天书是由30多亿个字写成的，如果将这30多亿字排版到一张报纸上，那么大约需要20万页纸才能排完这部巨著。由此可以想见，读取这部巨著所要耗费的时间将是如何的惊人。如果没有一系列的技术方法作后盾，那么要想读完这部书简直难以想象。

在“人类基因组计划”实施之初，预计要用15年才能完成测序。但由于采用了桑格、吉尔伯特、穆利斯、文特尔等人发明的技术手段和基因芯片技术，研究进程不断加快，加上各国科学家和政府的一致努力，整个计划完成的时间一再提前。2000年6月26日，中、美、日、德、法、英6国科学家和美国塞莱拉公司联合宣布成功绘制人类基因草图。2001年2月12日，公布了人类基因组图谱及初步分析结果。

生命就是一本用DNA语言写成的天书，每一页上都翻来覆去地写着A、T、C、G

小知识：什么是基因测序？

基因测序是确定DNA双股链上每个独立结构单元或碱基的确切顺序的过程。测序经常被称为“破译”，因为其结果就像解码一样。解码结果包含数百页和成千上万行4种字母的序列。这些字母表示4种不同的碱基，即腺嘌呤（A）、鸟嘌呤（G）、胸腺嘧啶（T）、胞嘧啶（C），其排列顺序中蕴藏着各种各样的遗传信息和生命指令。

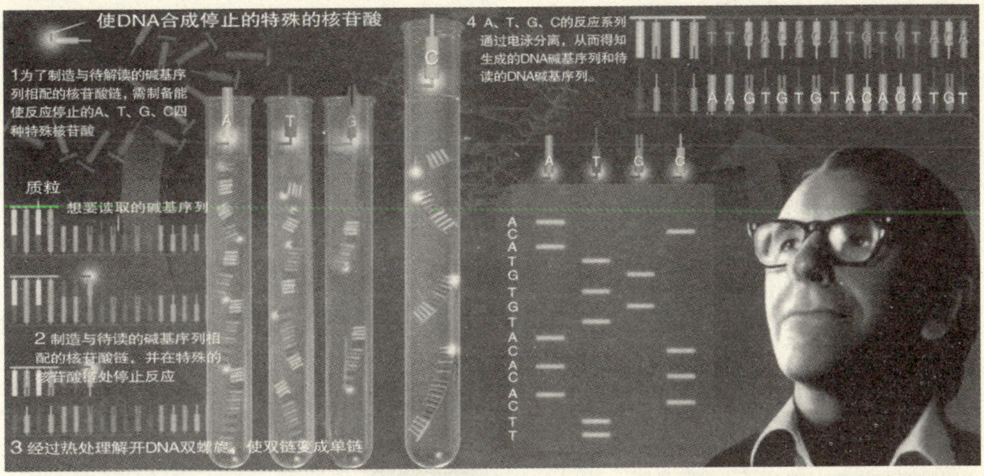

根据桑格法开发的DNA自动定序机使一周（24小时运转）解读100万甚至几百万个碱基成为可能。它为“人类基因组计划”立下了汗马功劳

英国著名化学家F·桑格（1918— ）他因测定出胰岛素的氨基酸排列顺序获1958年诺贝尔化学奖，又因发明测定DNA序列的方法（即桑格法）获1980年诺贝尔化学奖

美国分子生物学家W·吉尔伯特（1932— ）因发明出另一种测定DNA序列的方法，与桑格分享1980年诺贝尔化学奖

根据桑格法开发的DNA自动定序机

我认为我最重要的成就是开发出测定DNA核苷酸顺序的方法，该法现在正被用来解读人类基因组序列。人类基因组也许是最重要的化学物质，因为它包含了我们人体结构和功能的所有信息。……一本书是由26个字母不同的组合而成，想表达的意思和想传达的信息都包容在这26个字母的顺序中。DNA仅有4个“字母”，即A、G、C、T（当然这些不是真正的字母，而是化学物质），基因的信息就包含在由这4个“字母”按一定顺序组成的序列中……这将是这个新世纪的重要课题，它将导致激动人心的新发现，它给每个有兴趣加入这项带有冒险性的探索、有志于成为科学家的年轻人提供了好机会。

——摘自桑格1999年应本展览筹办者之邀写给中国青少年的信

美国生物化学家、1993年诺贝尔化学奖得主穆利斯

“他是个很活跃的孩子，常把各种东西混到一起。3岁那年，他把鸡蛋打碎搅成油漆，然后将房子刷成了黄色。我经常发现他几瓶子几瓶子地收集昆虫和蛆。我想他简直疯了。他对一切都入迷。今天我才知道这是因为他的思维太活跃了。”这是PCR的发明者、美国生物化学家K·穆利斯（1944— ）的母亲在得知儿子获诺贝尔奖之后说的话。正如他母亲所说的，穆利斯是一个从小就拥有异常活跃的思维、独立不羁的个性和离经叛道精神的人。

PCR是聚合酶链反应（polymerase chain reaction）的简称，是一种在短时间内使DNA大量扩增的技术，它源于穆利斯1983年回乡下度假途中的一个突发奇想：如果找到一种办法操纵分子复制技术这个环节的话，那么目标DNA不就可以以指数形式扩增了吗？

穆利斯的这一突发奇想对于分子生物学家们来说不啻一个福音，使他们的实验操作程序大为简化，将大量的人力、精力和时间从繁琐的重复性劳动中解放了出来，大大方便了他们对生命的研究。PCR法被称为是“DNA分子的拷贝机”。

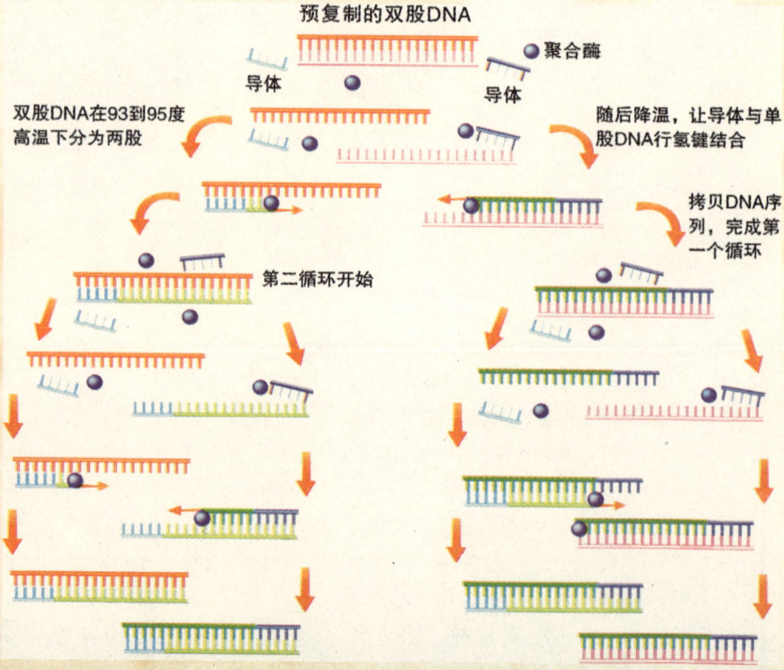

PCR的原理：用高温（约94℃）处理拟扩增的目标DNA使其解链；在已分开的两股链间插入核苷酸引物分子；将温度降低到37℃并保持1分钟左右，这时一部分引物分子就会按事先设计的原理和目标DNA的每条链通过氢键作用配对定位。再将温度升高到72℃，在高温DNA聚合酶的催化作用下，以目标DNA为模板，进行DNA链的延伸反应。完成一次PCR循环只需3分钟左右，但可使目标DNA分子扩增1倍，形成两个新的目标DNA。使用一台PCR仪可以在几个小时内就完成多轮复制，生成几十亿个DNA片段

雄心勃勃的文特尔

如今，PCR技术应用的广泛性犹如其本身的原理一般呈指数级增长，早已不再局限于分子生物学领域，它对基础医学、临床医学、人类基因组测序及法医学等领域的贡献都是极其巨大的。

在“人类基因组计划”中发挥重要作用的另一项测序技术是“霰弹法”（也叫“全基因组鸟枪法”或“打机关枪法”）。该技术是先将DNA从细胞核中分离出来，然后利用超声波将每条染色体分为极小的片段，一共6 000万片，再把每一片插入一台机器人控制的机器，由它进行高速解码，破译的结果传送给超级计算机，由超级计算机把每一片段重新组装成人体的23对染色体。换句话说，霰弹法就像拼图游戏，先将拼图打乱，最后再重新组装起来。

中华龙鸟化石

这项技术是由美国科学家兼企业家C・文特尔（1946—）在1991年开发的。文特尔1998年组建了塞莱拉公司，亲任公司总裁和首席技术官。文特尔宣称他的新公司将在3年内完成由政府拨巨资资助的“人类基因组计划”试图在15年完成的研究工作！此后，以“人类基因组计划”领导人F・科林斯为首的庞大的官方机构与文特尔领导的私营机构塞莱拉之间展开了科学竞赛，后来由美国总统克林顿出面调解，才使得公私两家合起手来，于2000年6月26日联合宣布成功绘制出人类基因组草图。值得一提的是，塞莱拉公司完成这一工作仅用了两年时间！

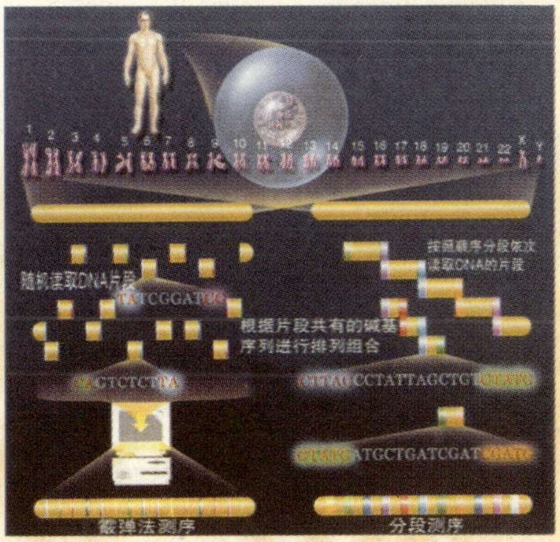

霰弹法测序

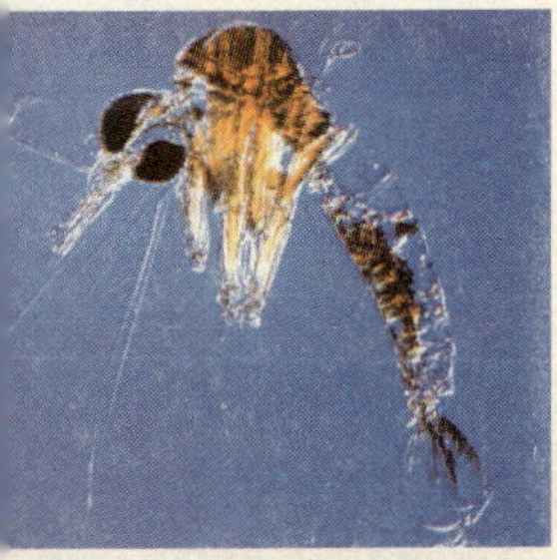

有人设想应用PCR法，可以将化石和琥珀中残留的古代生物的微量DNA进行扩增，从而复制出古代生物。美国科幻电影《侏罗纪公园》就描绘了这样一种可能性

文特尔被世人看作挑战科学界的叛逆者，因为他一直游离于正统的科学家之外。据文特尔自己述说，他从小就得了一种罕见的疾病，缺乏视觉记忆功能。文特尔勉强获得了高中毕业的文凭。他曾经参加越南战争，回国后进入加利福尼亚大学圣地亚哥分校刻苦攻读生物化学，6年后获得了生理学和药理学博士学位，从此走上科研之路。文特尔特别喜欢出风头，并且常常出言不逊。但他并不是一个只会说大话的人，恰恰相反，他在行动上也绝对是一个巨人。文特尔敢于和实力雄厚的“人类基因组计划”叫板，一方面源于他永不服输的性格，另一方面也源于他掌握了非常强有力的测序技术——霰弹法。

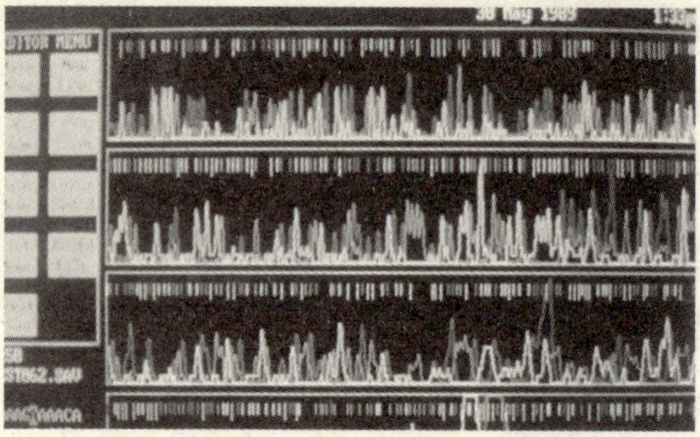

塞莱拉公司实验室里成排的DNA放大器“影印”着分子片段，然后再把它们发往300台DNA分析仪，由后者破译DNA的化学基础序列。最后，分析仪把数据发送到公司的超级计算机

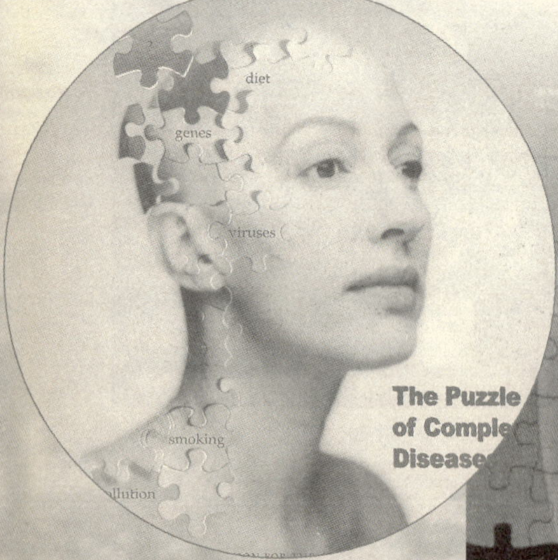

美国《科学》杂志封面。它表明了这样一个概念：人类的DNA是一张由6 000万片组成的“拼图”，那么，整个人应该是一张由多少片组成的拼图呢

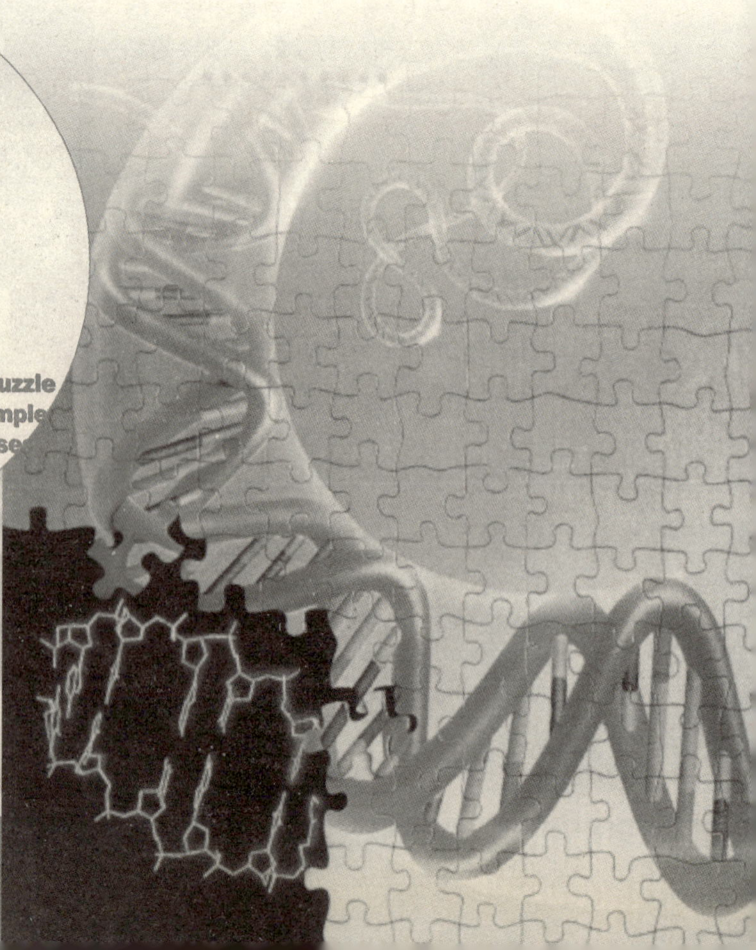

基因芯片分析组织样本时，可形成点图谱。这些图谱所揭示出的个体差异可能会帮助医生根据每个患者不同的独特需要采取不同的治疗措施

基因芯片（Genechip）是生物芯片（Biochip）技术中发展最成熟和最先实现商品化的产品，除了基因芯片之外，生物芯片还包括蛋白质芯片、芯片实验室等。基因芯片又称DNA芯片或DNA微阵列。它和我们日常所说的计算机芯片非常相似，只不过高度集成的不是半导体管，而是成千上万的网格状密集排列的核酸分子（也叫分子探针）。所谓探针，只是一段人工合成的碱基序列，在探针上连接上一些可检测的物质，根据碱基互补的原理，利用探针到基因混合物中识别特定基因。

与传统基因序列测定技术相比，基因芯片破译人类基因组和检测基因突变的速度要快数千倍。目前，该技术主要应用于基因表达检测、突变检测、基因组多态性分析和基因文库作图以及杂交测序等方面。它的出现给分子生物学、细胞生物学及医学领域带来新的革命，成为后基因时代最重要的基因功能分析技术之一。

基因芯片的基本原理

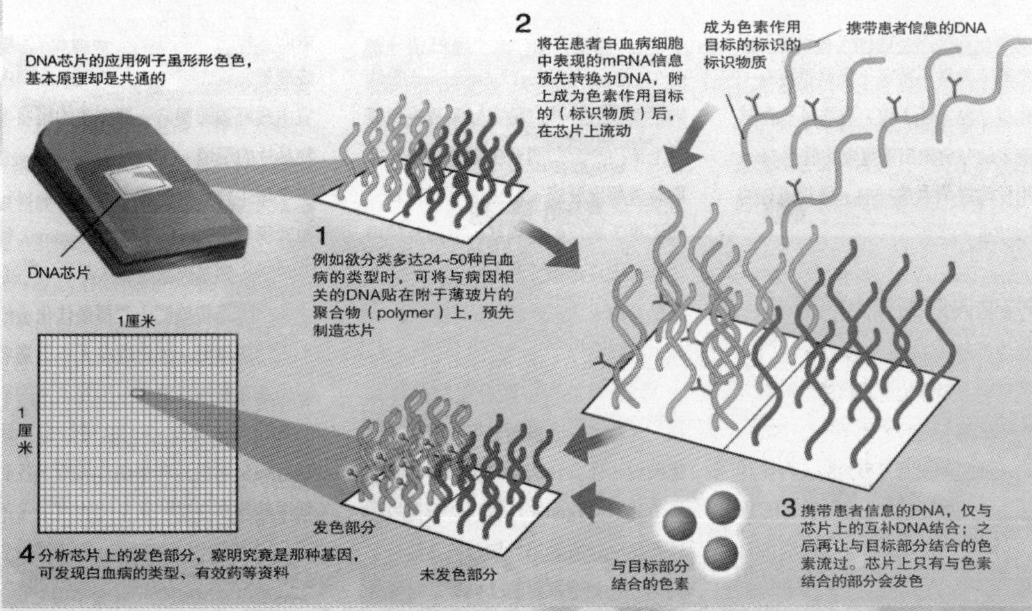

3. 首先解读完毕的第 22 号染色体

1999 年 12 月 1 日，国际人类基因组计划联合研究小组宣布完整破译出人体第22对染色体的遗传密码，这是人类首次成功地完成人体染色体完整基因序列的测定，解读结果刊登在 1999 年 12 月 2 日的英国《自然》杂志上。22号染色体的解读工作是由英国桑格中心伊安·坦哈姆博士的研究小组、日本庆应大学医学院清水信义的研究小组、美国奥克拉荷马大学与华盛顿大学的研究小组共同完成的。

英国伦敦的桑格中心是世界最大的测序中心，完成了“人类基因组计划”33% 的测序任务。图为桑格中心的伊安·坦哈姆博士

参与第 22 号染色体基因测序工作的日本科学家清水信义

22 号染色体的全貌：图中第 1 列与第 2 列显示基因的位置，箭头表示基因信息的读取方向，由第 1 列和第 2 列可知遗传信息位于 DNA 双股的哪一股。第 3 列显示的是假基因所在位置。第 4 列显示的是 CPG 岛所在位置，存在 CPG 岛的区域表示该处可能还有基因存在。折线图表示 GC（鸟嘌呤和胞嘧啶）序列所占比例，含 GC 序列多的部分，基因比较集中。

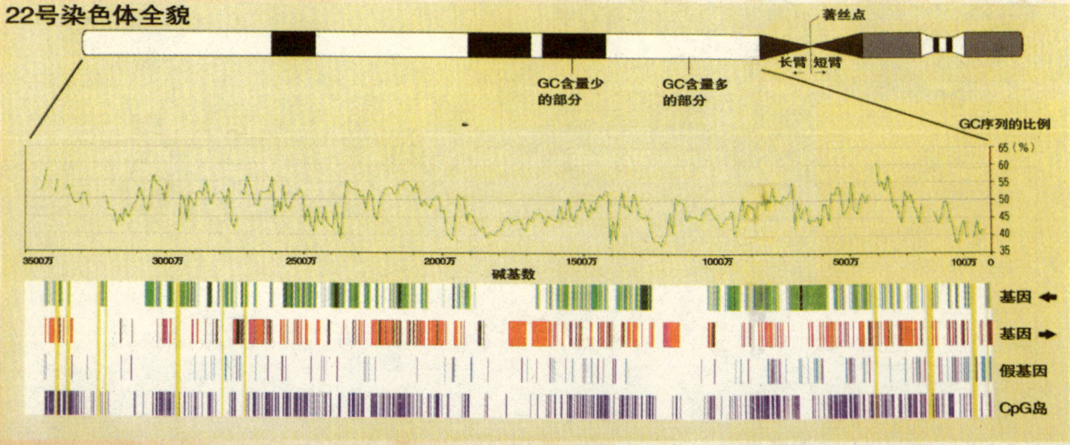

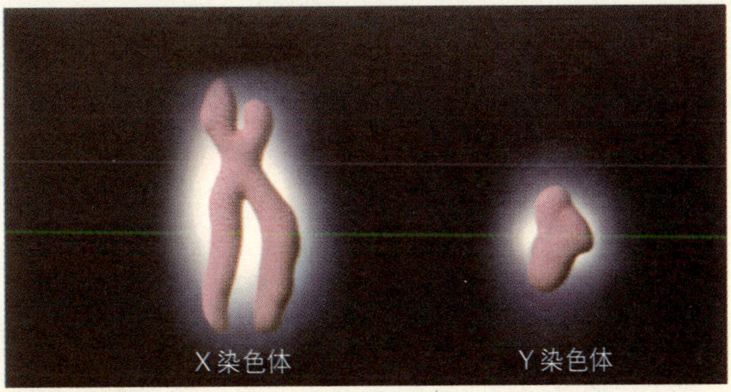

决定男女性别的 X 染色体和 Y 染色体

染色体的号码是依染色体的长度，由长到短而定的（除决定性别的X、Y染色体之外）。但在50年前定染色体号码时，因当时染色技术的关系，21号染色体看起来比22号染色体要长，实际上21号染色体比22号染色体更短。也就是说，22号染色体是次短的，它由大约5 000万个碱基对组成。染色体包括长臂、短臂及它们之间的着丝点3部分构成，22号染色体的长臂约有3 400万个碱基对，短臂约1 500万个碱基对。分析结果共发现545个基因，134个假基因（假基因指那些目前未发现其有具体功能的基因），并初步断定了22号染色体上与遗传病有关的一些基因。

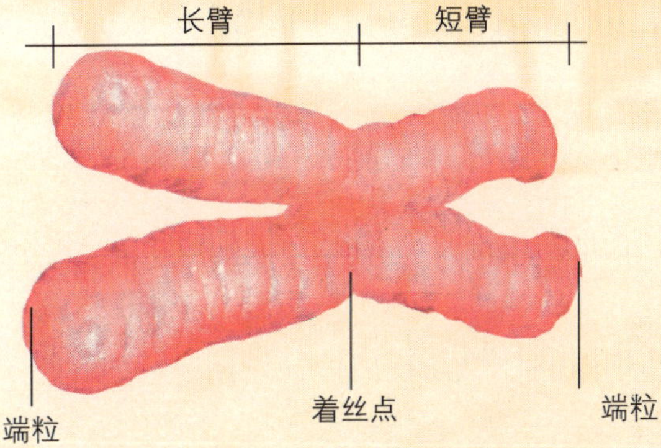

染色体由长臂、短臂及它们之间接合的部分着丝点构成

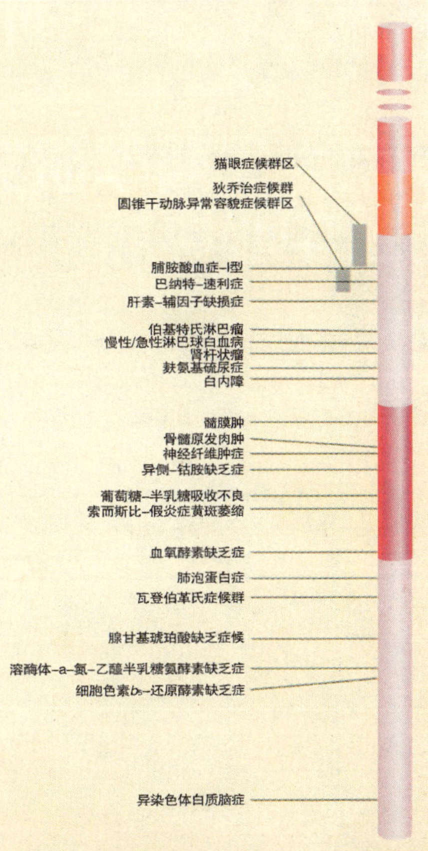

22 号染色体上与遗传病有关的基因

4. 人体的第二张解剖图——人类基因组图谱

科学家介绍说，每个人之间基因组并不完全相同，也叫基因组的多态性，这个多态性就表现在DNA序列上。统计表明：任意两人之间的DNA核苷酸差异约占基因组的万分之一。就是这基因组的万分之一的差异，决定了人类的遗传多样性，如有的人容易生病，而有的人却对疾病的免疫力特别高，有些药物，有人用了就灵验，有人就不灵验。只有从不同个体DNA序列的差异上阐明人类基因组的多态性，才能真正了解与疾病特别是多基因疾病有关的遗传机制，同时深入准确地了解人类起源、进化和迁徙过程中的DNA序列变化。

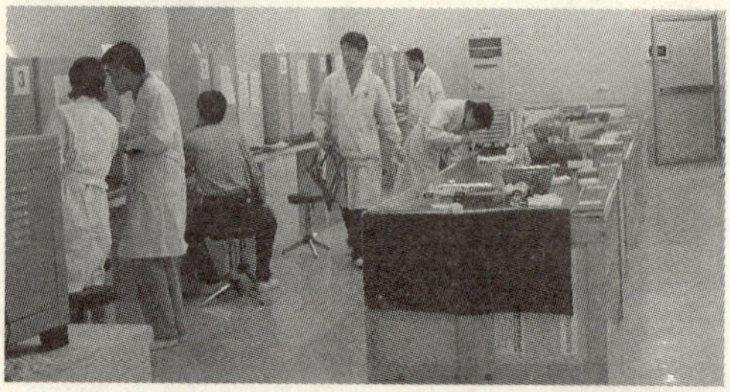

北京华大基因研究中心人类基因组计划中国部分主战场（377 实验室）

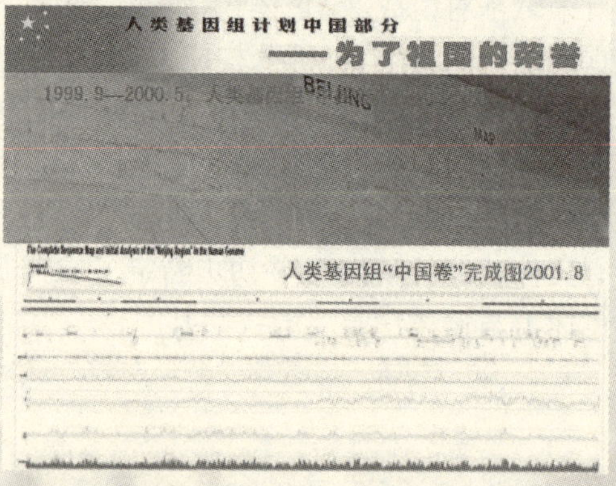

人类基因组计划“中国卷”框架图

人类基因组计划“中国卷”完成图

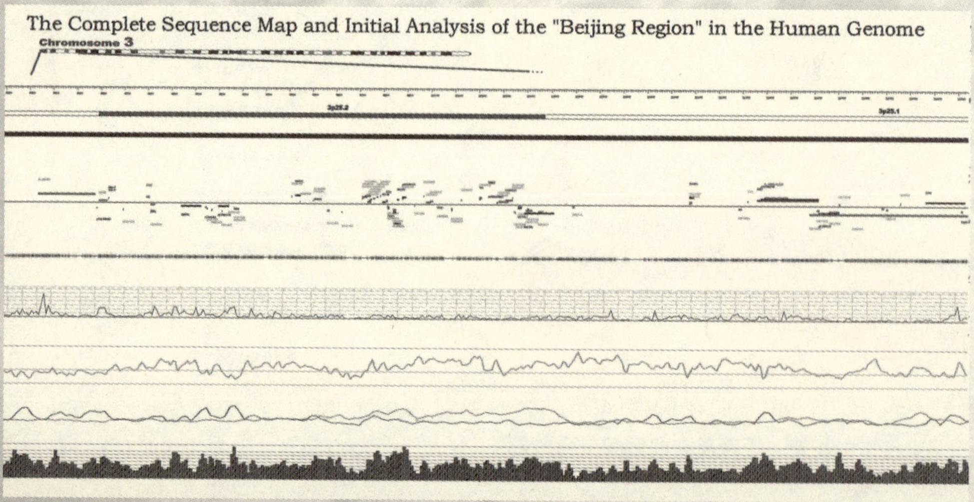

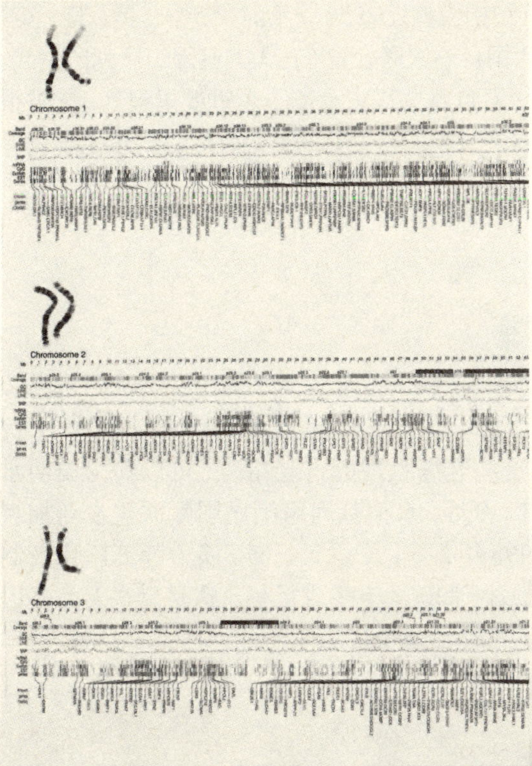

人类第一号、第二号、第三号染色体基因组图谱局部

1543年，比利时解剖学家A·维萨里（1514—1564）发表了划时代的著作《人体的构造》，开创了人体解剖学，使人们从宏观上了解了自己。“人类基因组计划”建立的人类基因组图，被誉为“人体的第二张解剖图”，它将从微观上或者说从根本上使人类了解自己。

2000年6月26日，美国总统克林顿和英国首相布莱尔联合宣布：人类有史以来的第一个基因组草图已经完成。2001年2月12日，中、美、日、德、法、英等6国科学家和美国塞莱拉公司联合公布人类基因组图谱及初步分析结果。

人类基因组计划中最实质的内容，就是人类基因组的DNA序列图，人类基因组计划起始、争论焦点、主要分歧、竞争主战场等都是围绕系列图展开的。在序列图完成之前，其他各图都是序列图的铺垫。也就是说，只有序列图的诞生才标志着整个人类基因组计划工作的完成。

2000年6月26日，文特尔与科林斯在美国白宫新闻室联合宣布成功绘制出人类基因组草图

英国《自然》杂志2001年2月15日出版的人类基因组图谱专集

2003年4月15日，在DNA双螺旋结构模型发表50周年前夕，中、美、日、英、法、德六国元首或政府首脑签署文件，六国科学家联合宣布：人类基因组序列图完成。

人类基因组图谱的完成，是人类探索自身奥秘史上的一个重要里程碑。它被很多分析家认为是生命科学世纪诞生的标志，也就是说，21世纪是生命科学主宰世界的世纪。正如一个世纪前量子论的诞生被认为揭开了物理学主宰的20世纪一样。

5. 水稻基因组计划

水稻是最重要的粮食作物之一，全世界一半以上的人口以水稻为主食。“民以食为天”“贵五谷而贱金玉”，我国这些充满哲理的古老格言，可以作为说明水稻基因组计划意义的首选注解。1997年9月，水稻基因组测序国际联盟在新加坡举行的植物分子学大会期间成立。1998年2月，中、日、美、英、韩五国代表制定了“国际水稻基因组测序计划”，预计到2008年完成目标。这是继“人类基因组计划”后的又一重大国际合作的基因组研究项目。

中国科学家在紧张有序地进行水稻基因测序工作

中国是世界上最早栽培水稻的国家之一，拥有7 000年的水稻栽培历史

为充分开发利用超级杂交稻这一宝贵的国家资源，继续保持我国在杂交水稻育种领域的国际领先地位，由中国科学院基因组信息学中心暨北京华大基因研究中心发起，中科院遗传与发育研究所和国家杂交水稻工程技术研究中心合作参加的“中国超级杂交水稻基因组计划”于2000年5月11日正式启动，宣布将用“霰弹法”测定籼稻基因组序列。中国科学家成功研制出霰弹法基因组组装的计算机软件体系，加上中科院计算所国家智能计算机研究开发中心研制的“曙光3000”和国家并行计算机工程技术研究中心研制的“神威”这两种高性能的国产计算机，共同为我国水稻基因组的测序工作迅速完成奠定了强有力的基础。

中国培育的“超级稻”硕大饱满的稻穗如同瀑布一样

国产“曙光”计算机和华大基因研究中心主任杨焕明

“神威”总设计师金怡濂院士和“神威”计算机

华大基因研究中心

2002年4月5日，美国著名的《科学》杂志封面上出现了秀美的云南红河哈尼梯田，并以14页的篇幅发表了中国科学家《水稻（籼稻）基因组的工作框架序列图》一文。同年11月21日，英国著名的《自然》杂志的封面上又出现了沉甸甸的水稻稻穗，以“水稻基因染色体一号和四号冲破了终点线”为封面要目，同时发表了中国科学家完成的第四号染色体精确测序和日本科学家完成的第一号染色体精确测序的论文。《自然》杂志审稿人认为这两篇论文“是紧接着水稻基因组草图完成后水稻基因组测序项目里程碑性的事件”。

我国科学家完成的水稻基因组“精细图”，覆盖了染色体全长序列的98%，共鉴定了4 658个基因，并注释在染色体的准确位置上（覆盖基因组94%染色体定位，序列的单碱基准确性达到了99.99%），达到国际公认的基因精细图标准。它不仅将为全球从事水稻和植物生物学研究的科学家提供急需的数据，为功能基因组学和蛋白质组学的研究奠定坚实基础，而且将为全面阐明水稻的生长、发育、抗病、抗逆和高产规律，推动遗传育种研究，产生积极影响。

美国《科学》杂志2002年第4期封面上我国秀美的云南红河哈尼梯田

“民以食为天”这句中国古老的格言出现在美国《科学》杂志2002年第4期的插页上

英国《自然》杂志2002年第11期封面上的水稻

中国水稻（籼稻）基因组“精细图”完成新闻发布会

2002年12月12日，中国科学院、国家科技部、国家发展计划委员会和国家自然科学基金会联合举行新闻发布会，宣布中国水稻（籼稻）基因组“精细图”已经完成。

水稻第四号染色体测序专家工作组部分成员在实验室合影

水稻第四号染色体测序专家工作组组长、中科院国家基因研究中心韩斌博士在讲解第四号染色体测序图

小知识：框架图与精细图

框架图是覆盖基因组的大于90%序列的基因图谱，但仍存在洞隙、序列不确定的区域和未在染色体上定位的序列。精细图是基因组中所有基因覆盖区域的碱基序列都精确，基因都定位于染色体上的基因图谱。“框架图”是相对于“完成图”或“终图”而言的，但实际上，真正的“完成图”并不存在，因为它总会存在一些空隙，而“精细图”则比“框架图”更进一步，更为准确、精细。

从DNA双螺旋结构模型诞生，到人类基因组计划全面完成，人类历史恰好走过了半个世纪。这50年里，科学家们在一步步破解生命的奥秘。这其中，我们不仅看到了基因科学的发展历程，也看到了科学家们的聪明智慧，同时更看到了他们为追求真理而不懈探索的崇高精神。

破译遗传密码和基因组测序，为人类深入了解生命并进而改造生命打下了基础。但是，目前人们还只是测定了少数几种生物的基因组，还有千百万种与我们生活密切相关的生物的基因组尚待测定。而且就是在少数几个已测定的基因组中，健康、疾病、遗传特性与相应基因的关系还远未彻底探明，还有更多更奇妙的生命奥秘在等待着我们去探索。

四 重组生命的螺旋

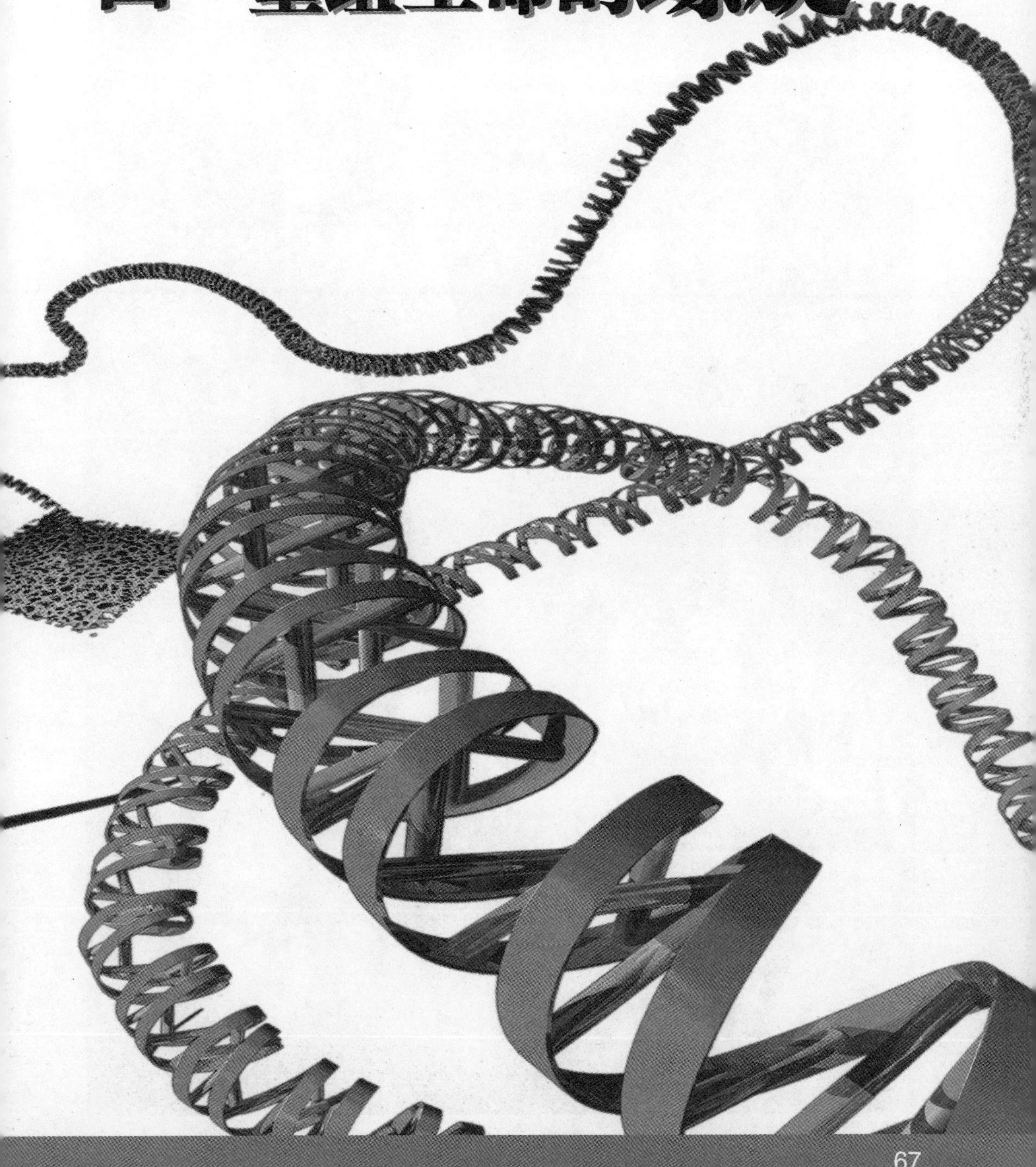

DNA双螺旋结构、遗传密码的发现和部分基因排序的测定，打开了人类认识生命奥秘的大门。但科学家们已不再满足于仅仅是探索、揭示生物遗传的秘密，而是开始跃跃欲试干预生物的遗传特性。也就是说，要像《圣经》中的上帝那样设计并创造生命。如果将一种生物的遗传基因植入到另外一种生物的细胞中，不就可以按照人类的愿望创造出新的生物了吗？实现这一愿望的技术，就是基因工程技术。

20世纪60年代以后，基因工程技术取得了迅速发展。今天的人们，已对“基因重组”、“克隆”、“转基因”等新名词耳熟能详，而且这些技术的产品也悄悄地来到了我们的身边，正在改变着我们的生产与生活。

美国遗传学家塔特姆

美国遗传学家莱德伯格

美国生物化学家科恩伯格

美国生物化学家奥乔亚

1. 人鱼公主——杂交之美

很多人都听说过关于美人鱼的传说，丹麦作家安徒生的童话《海的女儿》中那位美丽善良的小人鱼公主更是妇孺皆知，我国古籍中也曾有过美人鱼的描述："水中有白骥，状类妇人，乳阴具毕，唯尾似鱼。"尽管到目前为止，大千世界是否真的存在这一生物尚无定论，但在基因工程出现以后，这种生物完全有可能被生物学家们制造出来。

基因工程的起源可以追溯到1946年，美国生物化学家E·L·塔特姆（1909—1975）和美国遗传学家J·莱德伯格（1925— ）发现两种细菌在混合培养时发生了"杂交"，在世界上首次实现了基因重组。他们因此荣获了1958年诺贝尔生理学或医学奖。

1956年，美国生物化学家A·科恩伯格（1918— ）分离并提纯出了DNA聚合酶。1957年，科恩伯格与美国生物化学家S·奥乔亚（1905—1993）用人工合成的方法制得了DNA和RNA。他们于1959年获得诺贝尔生理学或医学奖。但这时人工合成的DNA虽然具有天然DNA的物理与化学性质，但还不具备遗传活性。1967年，科恩伯格人工合成出了具有遗传活性的DNA。

科恩伯格和奥乔亚的研究成果标志着人类首次掌握了制造遗传物质的方法，为改变基因、控制遗传特性，进而为治疗癌症和各种遗传疾病开辟了道路。

西方传说中的人鱼

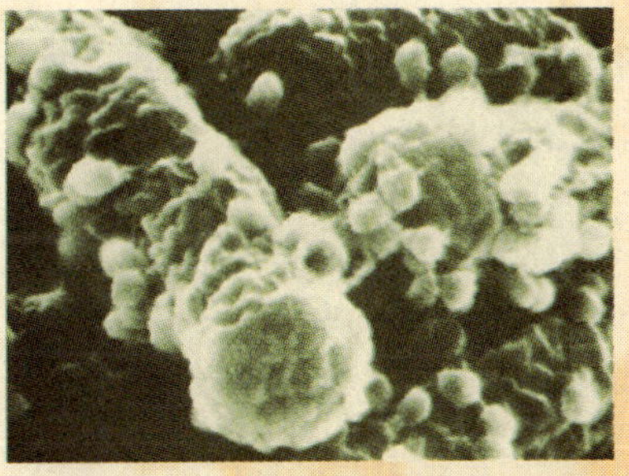
附着在大肠杆菌上的噬菌体。塔特姆和莱德伯格正式通过大肠杆菌和噬菌体的实验，发现了基因重组的现象

2. 国王和仆人的故事——分子剪刀

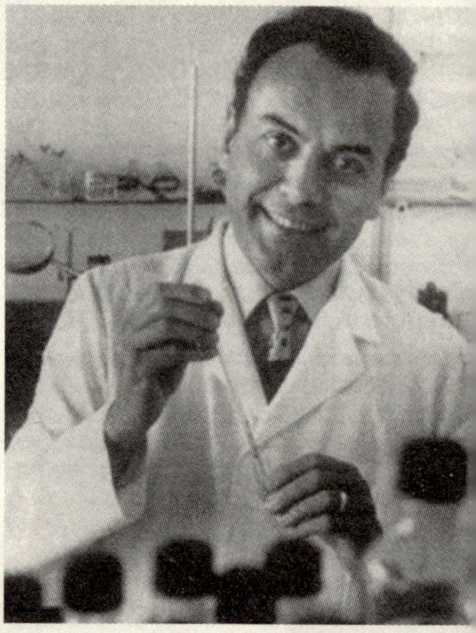

瑞士微生物遗传学家W·阿尔伯

每当我走进父亲的办公室，总会看见他桌上放着的一些培养皿，里面装的是菌群，他们就像一个住着许多居民的城市，在每一种细菌中都有一个国王，他长得瘦瘦的、高高的。国王有很多仆人，这些仆人长得矮矮胖胖的，跟皮球差不多。父亲把国王叫做“DNA”，仆人叫做“酶”。国王就像一本书，仆人们做的每一件事情在这本书中都有记载。对于我们人类来说，国王记载的这些细目是个谜。

我爸爸已经发现了其中的一个仆人，他的工作就像一把剪刀，如果有外国国王来侵犯一个细菌，这个仆人就会把他剪成小碎片，但他不会对自己的国王造成任何伤害。

聪明的人类用这个带着剪刀的仆人来探究国王的秘密，他们搜集了很多带剪刀的仆人，并把他们放进一个国王里，这个国王就被剪成了碎片。用这种方法得到的小碎片使人类探究国王的秘密变得容易了。爸爸就是因为发现了带着剪刀的仆人而获得了诺贝尔奖。

这是瑞士微生物遗传学家W·阿尔伯（1929—　）的女儿西尔维娅（当时10岁）在听完父亲给她讲完限制性内切酶后写下的一个故事，限制性内切酶就是故事中带剪刀的仆人。

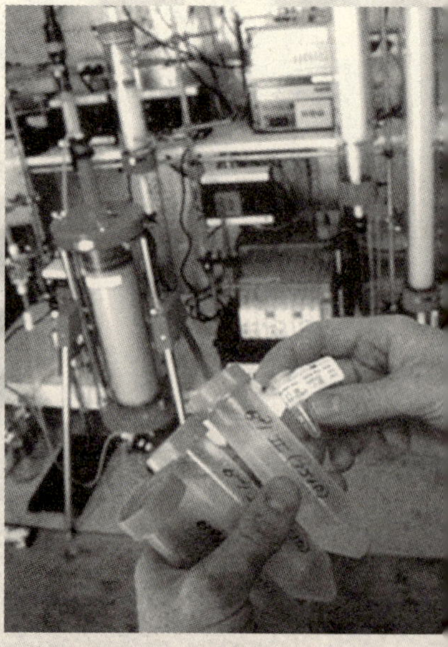

科学家们正在制备限制性内切酶，限制性内切酶被称为是基因工程中的“分子剪刀”

> 可能许多人会在某一时刻会突然有一种探索的欲望：探索自己，探索自己周围的人，探索动、植物，探索岩石与江河，探索夜空中闪烁的星星……
>
> 能够产生这种探索的欲望是很可贵的，但更可贵的是那些能够进行探索并找出答案的人。答案往往要通过科学研究来发现，从事这种研究的人就是科学家。
>
> ——阿尔伯

限制性内切酶能够在DNA上寻找特定的“切点”，认准后将DNA分子的双链交错地切断。因此，限制性内切酶被称为“分子剪刀”，它可以完整地切下个别基因。

1965年，阿尔伯首次从理论上提出了生物体内存在具有切割DNA功能的限制性内切酶，并于1968年成功分离出Ⅰ型限制性内切酶，但这种酶的切割基因功能不理想。1970年，美国分子生物学家、遗传学家H·O·史密斯（1931—　）分离出了Ⅱ型限制性内切酶。1971年，美国微生物遗传学家D·内森斯（1928—　）使用Ⅱ型限制性内切酶首次完成了对基因的切割，其研究成果为人类在分子水平上实现人工基因重组提供了有效的技术手段，他们于1978年获得诺贝尔生理学或医学奖。

自20世纪70年代以来，人们已经分离提取了400多种“分子剪刀”。有了形形色色的“分子剪刀”，人们就可以随心所欲地为DNA分子做手术了。

3. 分子针线——DNA 连接酶

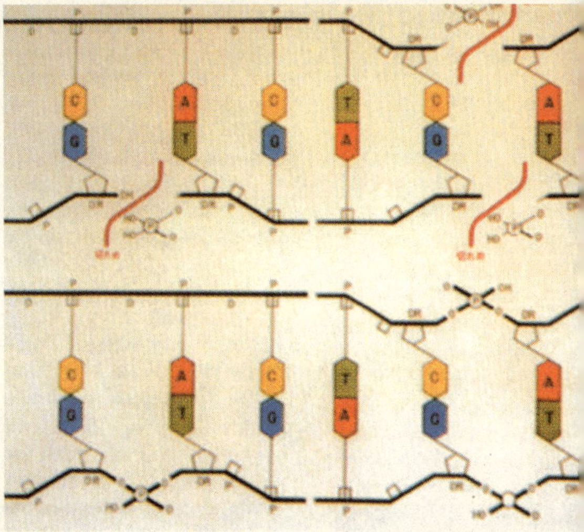
DNA 连接酶可以将断成几段的 DNA 链修复

DNA的分子链切开后，还得缝接起来以完成基因的拼接。1967年，世界上有5个实验室几乎同时而且独立地发现并提取出一种酶，这种酶可以将两个DNA片段连接起来，修复好DNA链的断裂口。它和内切酶是一对好搭档，一个切，一个接，共同在DNA分子重组中扮演重要角色。1974年以后，科学界正式肯定了这一发现，并把这种酶叫作DNA连接酶。从此，DNA连接酶就成了名符其实的“缝合”基因的“分子针线”（或称“分子胶水”）。只要在用同一种“分子剪刀”剪切的两种DNA碎片中加上“分子针线”，就会把两种DNA片段重新连接起来。

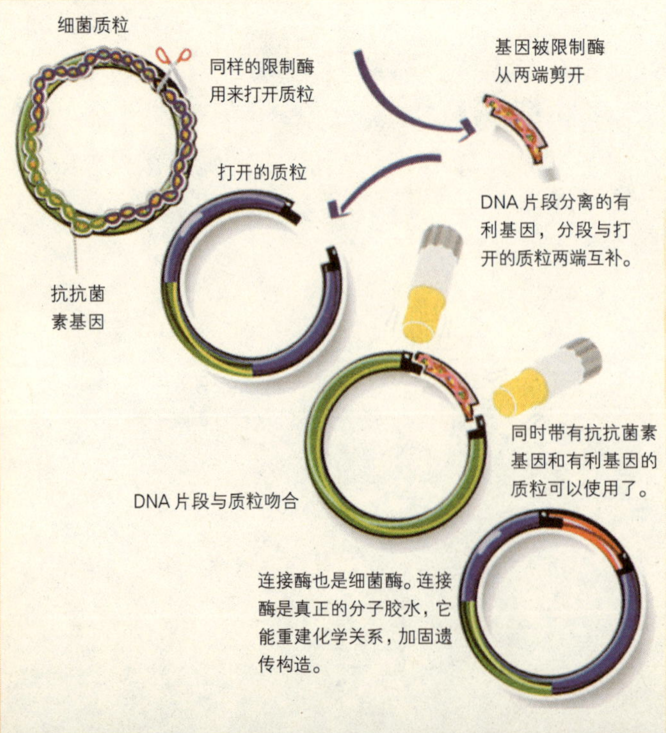

用限制性内切酶剪开质粒，将带有外源基因的DNA片段用连接酶与质粒拼接，就得到了一个重组质粒，外源基因将随着质粒DNA的复制一同复制，它将赋予细菌或细胞某些我们希望它拥有新的遗传性状

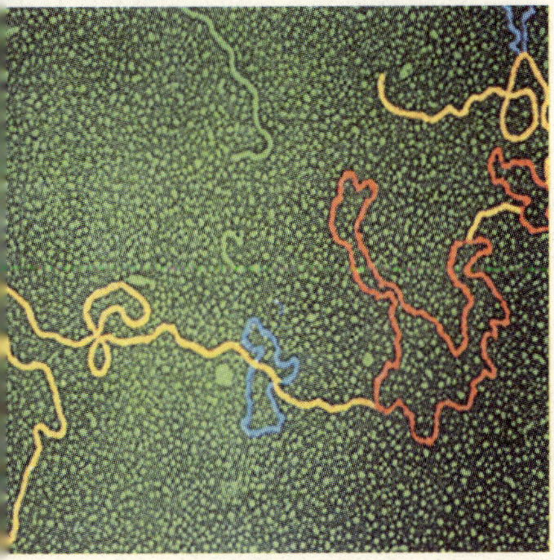

显微镜下的基因重组。左为细菌的DNA链，右为外来的DNA片断，可利用基因重组技术将其接合，形成新的遗传基因

4. 种瓜得豆，种豆得瓜

美国生物化学家P·伯格（1926— ）在1960年以敏锐的科学预见力提出一个大胆的设想：是否可以创造出一种人工方法，把外界的遗传基因引入动物体内，实现DNA重组，以达到改变遗传性状和治疗某些疾病的需要呢？1972年，伯格把两种病毒的DNA用同一种限制性内切酶切割后，再用DNA连接酶把这两种DNA分子连接起来，于是产生了一种新的重组DNA分子，首次实现两种不同生物的DNA体外连接，获得了第一批重组DNA分子，这标志着基因工程技术的诞生。伯格因此获得了1980年诺贝尔化学奖。

伯格的成功，使得“种瓜得豆”或“种豆得瓜”成为可能。因此项重大成就，他获得了1980年诺贝尔化学奖。

美国生物化学家伯格（伯格本人提供）

小知识：生物工程、细胞工程、基因工程与遗传工程

生物工程是应用自然科学及工程学的原理，以微生物体、动植物体或其组成部分（包括器官、组织、细胞或细胞器等）作为生物反应器将物料进行加工，以提供产品为社会服务的技术。生物工程主要包括基因工程、细胞工程、酶工程、蛋白质工程和微生物工程等。

细胞工程是生物工程的一种，是细胞水平上的遗传工程，它是通过移植染色体或细胞核，或把两个细胞融合在一起，从而达到改变生物遗传性状或创造新的生物品种的技术。

基因工程是生物工程的一种，是分子水平上的遗传工程，它是采用类似于工程设计的方法，借助生物化学的手段，人为地转移和重新组合生物遗传物质DNA，从而达到改变生物遗传性状或创造新的生物品种的技术。

由于基因工程和细胞工程都是以改变生物遗传性状为目的的技术，所以又统称遗传工程。

美国生物化学家伯格在实验室（伯格本人提供）

伯格在中学时代，遇到了一位对他一生有很大影响的老师——担任课外生物小组顾问的索菲亚·沃尔沃。她在辅导时，并不把灌输知识作为重点，而是把启发孩子们对科学的兴趣、让孩子们学会自己去发现问题、并掌握如何寻找答案和怎样学习的方法作为出发点。当学生们提出问题时，她很少给予直接的回答，而是鼓励学生们自己去寻找答案，并教给他们如何到图书馆查找资料、如何做科学小实验。用伯格自己的话说，学生们在这一过程中所得到的收获，“比我们预想的还要多”。伯格在应本展览筹办者的邀请写给中国青少年的信中说：

高中时代的伯格（伯格本人提供）

在任何时候，创新性的思维都是最宝贵的。也许正是这些早年的经历，激发了我探索未知世界并找出答案的欲望。

回想那段时间，我认识到：鼓励青年人自己去发现他们追求的答案，不是一种最容易的学习方法，但却是回报最丰厚的学习方法。或许教育能作出的最重要的贡献，就是发展学生追求创造性方法的本能和好奇心。随着时间的推移，学过的许多东西将会忘记，但是我们提出问题和找出答案的能力几乎不会丢掉。任何地方的学校都应当认真汲取这个经验。

基因工程是在分子水平上对基因进行修改、拼接或重新组合，使新的生物体按照人的意志产生新的特征

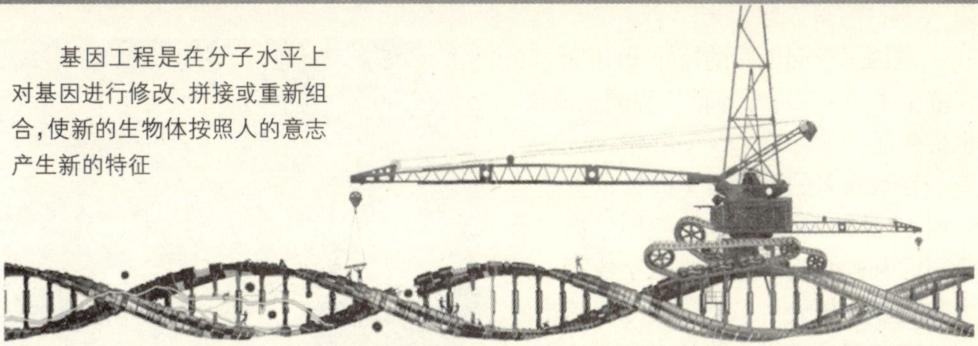

1973年，美国斯坦福大学教授S·科恩和加利福尼亚大学旧金山分校教授H·W·博耶将两个不同的质粒（一个是抗四环素质粒，另一个是抗链霉素质粒）拼接在一起，组成嵌合质粒，并将其导入大肠杆菌，当该重组质粒进入大肠杆菌体内后，这些大肠杆菌能抵抗两种药物，而且这种大肠杆菌的后代都具有双重抗药性。这表明“杂合质粒”在大肠杆菌的细胞分裂时也能自我复制。科恩随后以DNA重组技术发明人的身份向美国专利局申报了世界上第一个基因工程的技术专利。这标志着自然界不同物种间在亿万年中形成的天然屏障被打破了，人类可以根据自己的意愿定向地改造生物的遗传特性，甚至创造新的生命类型。

基因工程问世后的短短30年间，不仅催生了一个又一个基因工程的新成果，也催生了一个源于DNA研究的新兴产业，导致众多的生命科学高技术企业应运而生。到2001年年初，美国生物技术公司已有1 400家，而这一数字还不包括为数更多的相关技术公司和传统制药公司，2000年底美国生物技术产业的收入达到250亿美元。可以毫不夸张地说，基因工程对生物、医药和农业等领域都产生了革命性的影响，它对人们生活影响的深度和广度早已超出了人们的想象。

世界首富IT行业精英盖茨预言：超过他的下一个世界首富必定出自基因领域

基因工程与你我都密切相关

5. 想变就变——定点突变术

基因会发生突变，突变可以自发，也可以诱发，这是每个稍有生物学知识的人都知道的常识。但在加拿大生物化学家M·史密斯（1932—2000）发明定点突变法之前，突变株的产生必须经由自然界或用化学等方法诱使基因体突变。这类方法属于随机突变，突变株必须在生物性状上有所改变，才能确定有突变发生，但除非用分子生物学方法或遗传学方法找到此突变处，否则无法确定突变位置。也就是说，这种突变是盲目的。而史密斯发明的定点突变法却是有目的的，该法可经由设计好的寡核苷酸，在任何一个基因片段上进行随意或设计好的突变。也就是说，这种突变是预先设定好的，所以也有人将该法称为“反遗传法”。

有意思的是，这一给生命科学研究及应用领域带来革命性突破的方法，竟然是史密斯和其同事在喝咖啡时闲聊出来的。现在，几乎每个生物实验室都会用定点突变法来研究基因或蛋白质的功能。定点突变法不仅广泛用于基因工程领域，还可用于农业培育抗虫、抗病的良种，用于医学矫正遗传病、治疗癌症等。

加拿大生物化学家、1993年诺贝尔化学奖得主史密斯

譬如，对作为洗涤剂重要组成成分的一种酶，已经有可能采用蛋白质设计特异地改变它的催化区（黄色）附近的一个氨基酸残基（桔红色）而提高该酶的稳定性，从而使酶不会被洗涤剂中的化学物质所破坏

科学家在确定了基因的位置后，即可以利用定点突变法，在任何一个基因片段上进行随意或设计好的突变，以指导蛋白质分子的合成

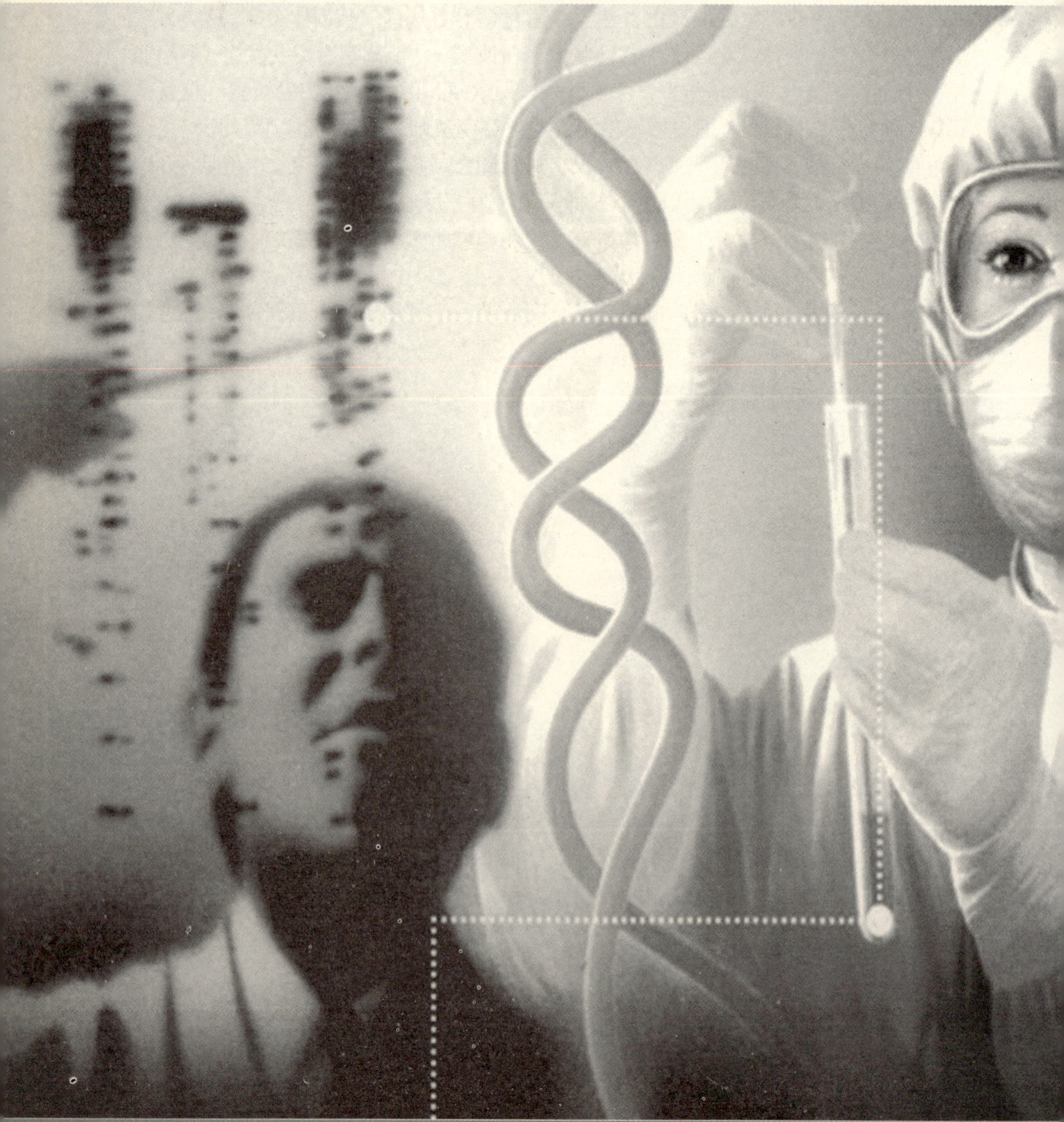

6.“多利旋风”——克隆技术

第一只克隆羊“多利”死亡的消息引起广泛的关注

德国实验胚胎学家、1935年诺贝尔生理学或医学奖得主施佩曼

2003年2月14日，英国罗斯林研究所宣布，“多利”由于无法治愈的进行性肺部感染，被实施了安乐死，享年仅6岁半。一般绵羊的寿命为12年左右，“多利”正当壮年，为何未老先衰，这与它是克隆的“身份”有关系吗？如同6年前它的出生一样，它的死亡也受到了世界各国的普遍关注。从古到今，恐怕没有一只动物的生死如此牵动全人类的心。

克隆是英文Clone的音译，简单地说就是一种人工诱导的无性繁殖方式，克隆技术即无性繁殖技术。在自然界，有不少植物具有先天的克隆本能，如番薯、马铃薯、玫瑰、杨柳等插枝、切块种植即可繁殖。但动物的克隆，却远没有植物那么简单。1938年，德国实验胚胎学家H·施佩曼（1869—1941）首先提出动物克隆的设想：即从发育到后期的胚胎中取出细胞核，将其移植到一个卵子中去，使其繁殖。1952年，美国费城癌症研究所的科学家首次进行动物克隆实验，未获成功。1986年英国科学家魏拉德森首次利用细胞核移植法克隆出一只羊，以后又有人相继克隆出牛、羊、鼠、兔、猴等。但在多利诞生前，所有的克隆动物都是用胚胎细胞作为供体细胞进行细胞核移植而获得成功的。

孙悟空从头上拔下一根毫毛，用嘴一吹，说声“变！”就能变出无数个孙悟空。有人认为这是世界上关于克隆的最早设想

英国胚胎学家维尔穆特与“多利”

“多利”出生于1996年7月5日，它是世界上首次利用体细胞克隆成功的动物。1997年2月23日英国《自然》杂志发表了一篇题为《从哺乳类的胚胎和成年细胞所得出的健康的下一代》的论文，宣布了英国罗斯林研究所维尔穆特教授等和PPL医疗公司合作用绵羊体细胞克隆成功“多利”的消息，“多利”的大名一夜间就传遍了世界各地。

小“多利”和它的代孕母亲

“多利”的供体细胞来自一只6岁正处于妊娠期的芬·多塞特品种白绵羊的乳腺细胞，受体卵子取自一只苏格兰黑脸羊，代孕母亲是另一只苏格兰黑脸羊。“多利”的问世，标志着克隆技术突破了利用胚胎细胞进行核移植的传统方式，它掀开了生物克隆史上崭新的一页。

1998年4月，“多利”当上了妈妈，生下了一只名叫“邦尼”的小羊。多利前后共自然生产6胎，1胎夭折，存活5胎。

“多利”的诞生刮起了世界范围内的强劲的克隆旋风，克隆动物家族中相继诞生了克隆牛、克隆鼠、克隆猴、克隆猪、克隆猫等新成员。

1998年2月，英国PPL医疗公司宣布采用与克隆“多利”相似的技术，克隆出一头牛犊“杰弗逊”；1998年7月，日本宣布用成年牛体细胞克隆牛成功；同月，日籍科学家若山昭彦等人成功地用克隆小鼠进行了克隆试验，得到三代克隆小鼠，这是首次用克隆动物克隆出动物；2001年1月，美国克隆猴成功，这只恒河猴被命名为“泰特拉”，这意味着克隆人已不存在技术障碍；2001年3月，PPL医疗公司宣布成功地获得了5头克隆猪；2002年1月，中国科学家陈大元领导的研究小组获得国内第一头克隆牛；3月，美国科学家克隆成功猫；4月，中国农业大学李宁教授领导的研究小组对我国优质黄牛——红系冀南牛克隆成功，小牛名字叫“波娃”（寓意“生命的夏娃”）；10月，中国农业大学采用胚胎冷冻技术获得了3头体细胞克隆牛，这3头牛的体细胞取自同一供体……

小克隆世家——三代克隆鼠

克隆猫

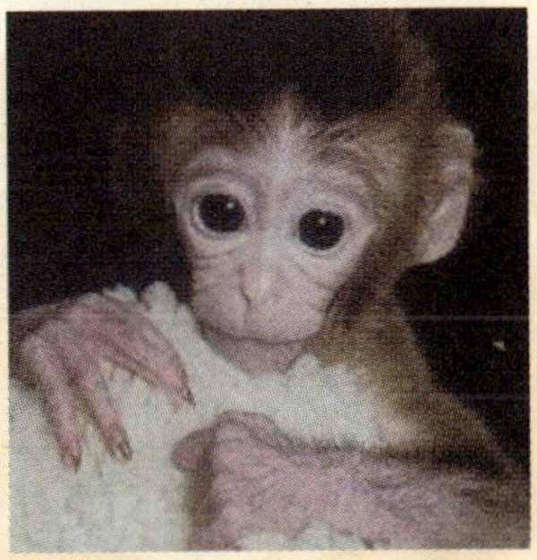

克隆猴“泰特拉”

体细胞取自同一供体的3头克隆牛

我国克隆成功的“波娃”和它的代孕母亲

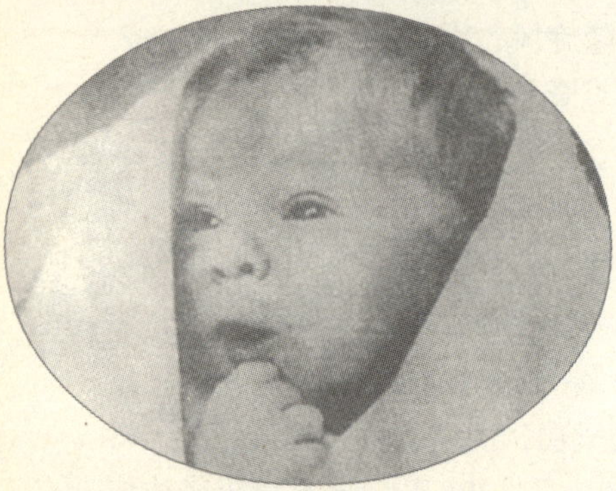

世界上第一例试管婴儿路易丝·布朗诞生于1978年7月25日。她两岁时，“街上的人盯着她，就像是看动物园里的猴子”。她的母亲这么说

“多利”之所以备受全世界关注的原因，除了克隆技术在动物繁育上的应用前景之外，是人们看到了克隆人的可能性。人也是哺乳动物，克隆羊和克隆人之间在技术上不存在不可逾越的障碍。但人是有灵魂的，人们还没有做好接受一个有灵魂的克隆人的思想准备，就像20多年前第一例试管婴儿的出生引起轩然大波一样。另外，克隆技术本身的不成熟以及克隆动物出现的一些诸如早衰等问题也是人们对克隆人心存疑虑的原因之一。为了阻止克隆人的步伐，许多国家都制定了禁止克隆人的法律条例，许多科学家、政治家、社会团体、新闻媒体也纷纷发表言论、组织活动反对克隆人。

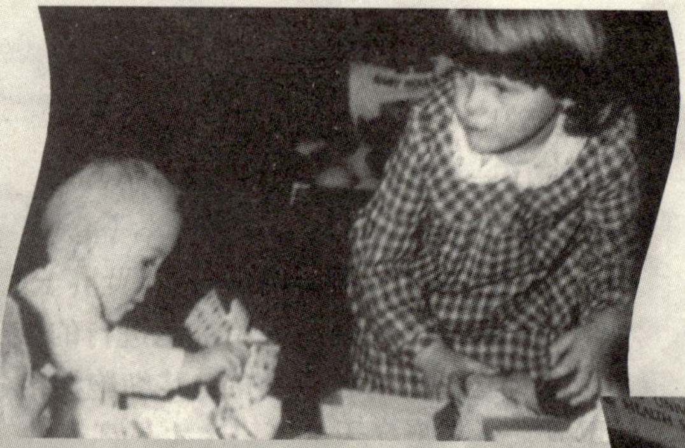

4岁8个月的路易丝和她的妹妹1岁9个月的娜塔莉。娜塔莉也是试管婴儿

绿色和平组织为反对克隆技术举行集会和游行

但克隆人并不因人们的种种担心而放慢“进攻”人类的脚步。2001年8月7日，被学术界称为“科学疯子”的意大利胚胎学家S·安蒂诺里宣布他将于11月开始进行克隆人实验；2001年11月25日，美国马萨诸塞州一家名为“先进细胞技术”的私营生物科技公司宣布人类胚胎克隆成功；2002年12月27日，法国克隆人组织“雷利安运动”协会主席B·布瓦瑟利耶宣布世界上第一个克隆人“夏娃”已于26日诞生。虽然目前还没有证实“夏娃”是否是真的克隆人，但克隆人来到你我的身边恐怕是一件早晚的事。

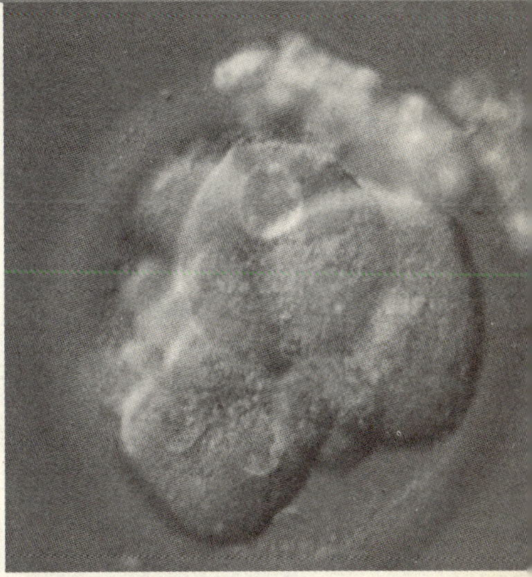

第一个人类克隆胚胎

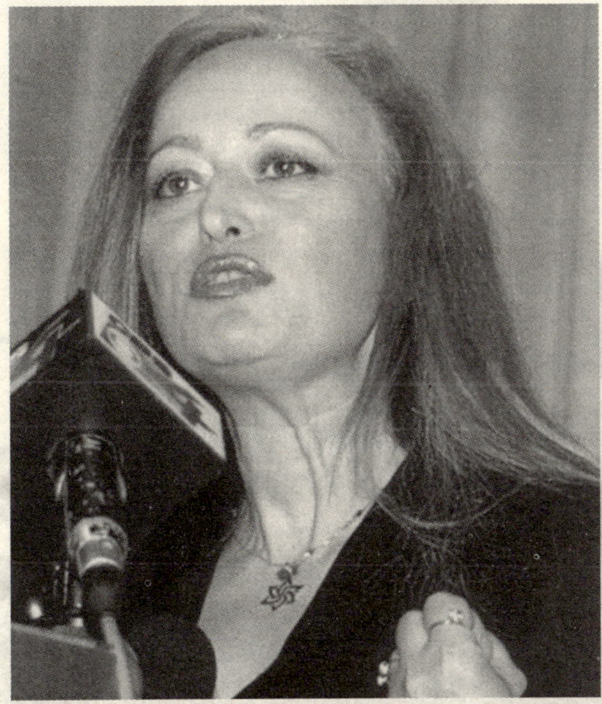

布瓦瑟利耶在好莱坞宣布第一个克隆人“夏娃”诞生

成功主持人类早期胚胎克隆实验成功的科学家乔·希贝利

主张克隆人的意大利胚胎学家安蒂诺里（右）正与反对克隆人的多利“助产士”维尔穆特激烈争论

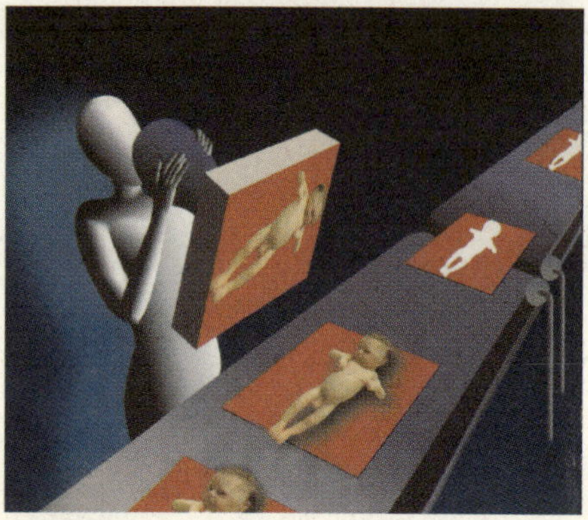

在克隆技术出现以前，世界上没有两个完全相同的人，但克隆技术使批量生产一模一样的人成为可能

"克隆"和"转基因"都是目前在生物技术中出现频率极高的名词，它们之间最大的不同是前者纹丝不动地保留了原来的遗传性状，而后者则改变了原来的遗传性状。另外，"克隆"是无性繁殖的意思，而转基因动物并不是无性繁殖的，它和普通动物的区别只在于转基因是在受精卵或胚胎干细胞中转入了另外的基因。

克隆和转基因虽然具有本质的区别，但并不是说它们是水火不容的。相反，如果能将克隆技术和转基因技术结合起来的话，也许可以在短时间内就得到许多一模一样的拥有优良性状的转基因动物。也就是说，转基因动物将不再是单个生产，而是批量生产。这对于制药或器官移植等领域来说是一个很有潜力的发展方向。

囊性纤维变性是一种遗传病，患者体内会产生黏稠的黏液，阻塞肺部、胰腺和消化器官的内部通道，大约有一半的患者活不过31岁。英国PPL公司培育了植入人体基因的克隆羊，羊奶中含有能够治疗囊性纤维变性的人体蛋白。图为一名囊性纤维变性的患儿正在饮用克隆羊的羊奶

植入人基因的克隆羊，它是克隆技术和转基因技术结合的产物

7. 神话成现实——变绿叶为鲜花

转基因植物是指科学家在实验中通过植入其他生物的基因,改变植物原有的基因,再制造出具备新特征的植物。转基因和杂交是完全不同的概念。杂交只能在同类之间发生,如水稻A和水稻B杂交;而转基因则可以提取某种植物甚至动物的基因,将其移植到植物上。

随着基因科学的逐步发展,原本只有在神话传说中才可以看到的变绿叶为鲜花的情形,现在得以在现实生活中实现了。

转基因烟草可用于制造血红蛋白

英国科学家利用转基因技术培育的荧光蘑菇

螟蛾是玉米的害虫,转基因抗虫玉米可有效防治螟蛾造成的虫害

通过细菌内毒素基因培育的转基因抗虫玉米

澳大利亚科学家培育的紫色转基因石竹花“月影”

科学家们已经发现了把植物叶子变为花瓣的秘密，这一突破可以帮助鲜花种植者在只能长叶子的恶劣环境下使鲜花盛开，而在叶子花瓣的衬托下，盛开的鲜花将带给人们独特的美感。同样，这一技术还可以用于药物种植业，以培育出高产量的药材植物。

这一具有历史意义的发现是由美国和墨西哥科学家共同完成的，他们通过一系列的基因实验获得了成功。在实验中他们发现一种芥子植物的所有基因中有五个是负责花瓣的生成的，而它们的生长基础与叶子完全相同，在叶子中也可发现这些基因，但它们已经有所变形。科学家们把叶子中的相关基因进行了改变，把整个叶子也变成了花瓣。

研究者认为这一技术将为植物种植业带来丰厚的利润，种植花卉的人们可以随意把花卉变成不同的漂亮式样。那些单花植物将成为首当其冲的研究对象，接下来将是那些具有商业价值的花类，而像熏衣草等主要利用其香味的植物也将成为独特的研究对象。也许，有一天你可以像定购生日蛋糕一样让花店按你的要求制造一盆花。

培育转基因烟草的温室

通过植入控制色素的基因，蓝色的玫瑰将不再是梦想

8. 幽灵走上餐桌了吗——转基因食品

1983年，世界上第一株转基因植物在美国问世。1986年转基因植物走出实验室，经美国政府批准在田间进行种植试验。1994年5月18日，美国联邦食品和药物管理局正式批准了第一种转基因作物——西红柿上市销售，但必须有特别注明，由此开创转基因植物商业的先河。

美国加州基因公司利用他们获得专利的基因技术，将西红柿中引起腐烂的基因加以复制之后，再重新以颠倒的方向注回西红柿，因而中止了西红柿内腐烂过程。由于这种西红柿不易腐烂，不仅便于运输、贮藏，还可使其留在植株上生长更长时间，充分吸收阳光，完全成熟后再运到市场销售，能保存良久并仍然具有“夏日成熟的滋味”。这种技术可以运用在任何农作物上面，也可以将作物中任何不佳的特质除掉。

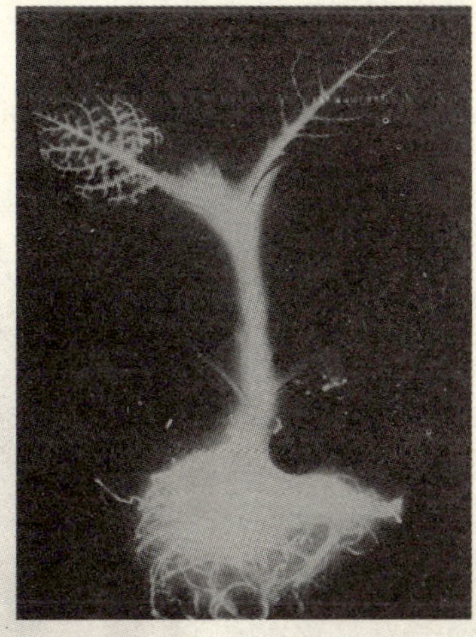

世界上第一株转基因植物

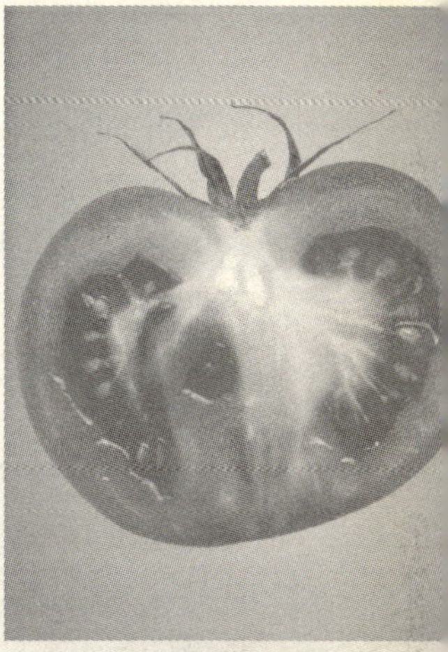

转基因西红柿

转基因西红柿罐头

转基因技术显著地提高了农作物的品质和产量，因而得到了迅速的推广，并且成为目前普遍应用的良种培育技术。到2000年，全世界转基因农作物的种植面积已经达到4 420万公顷，其中，大豆占58%；玉米占23%；棉花占12%。在全球转基因作物的总产量中，美国占68%。

转基因作物从一出世就引起了激烈的争论。反对者从食品安全、基因扩散、生态失衡等角度提出了反对意见；而赞成者也言之有据地一一加以反驳。关于转基因食品利弊的争论还在持续，尚无结论。至少目前还没有充分的证据说明转基因作物及食品会导致危害人体、动物、植物及生态环境的后果，也没有一例消费者因食用转基因食品而导致健康损害的报告。

绿色和平组织的环保积极分子正在举行反对转基因食品的抗议活动

中国转基因稻实验田

日本政府规定2001年4月以后加工食品必须标示是否使用转基因作物

2001年9月，世界卫生组织和联合国粮农组织宣布：联合国食品法典委员会已经制定了评估转基因食品是否符合健康标准的首批原则。在日内瓦召开的第24届食品法典委员会大会决定，转基因食品在推向市场前，必须经过政府的检验和批准。我国生物安全研究项目已开始启动，国家制定的《农业转基因生物安全管理条例》等有关法规也已经出台。

联合国《生物安全议定书》指出，各国公众都有权利知道转基因食品的真实情况，并可以自愿进行选择。国际消费者联合会向联合国食品委员会建议：转基因食品应有标识，让消费者明明白白地知道食品是否含有转基因动植物原料，由他们自己决定是否选择这类食品。

左为抗病毒转基因木瓜，右为普通木瓜，受病毒感染后果实变小

科技人员正在对转基因西红柿的化学成分及对环境的影响等各方面进行检测

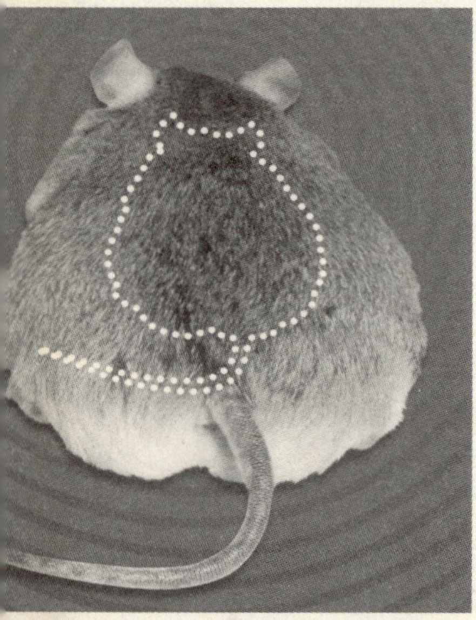

这只被植入了生长控制激素基因的“巨鼠”比它的兄弟姐妹们长得更快，体形也更巨大

9. 梦幻之畜——转基因动物

美国科学家培育出一种转基因鼠，它们大脑中可以产生更多的刺激神经纤维生长的蛋白质，具有较强的学习能力。在迷宫实验中，转基因鼠觅食本领比普通鼠要高许多，同时对迷宫中食物存放地点记忆更清楚。通过转基因鼠的培育，科学家进一步认识到神经生长在促进大脑功能方面的重要性。

转基因鼠培育者是美国西北大学的阿瑞·鲁腾勃格教授和他的同事，他们给实验鼠移植了一种新发现的基因。该基因能促进转基因鼠大脑中产生大量与生长相关的GAP－43蛋白质。该蛋白质作用于神经末梢，可刺激神经生长，并为大脑记忆功能提供更多的资源。

科学家认为，上述转基因鼠的研究掌握着记忆如何工作的某些线索，它最终有可能应用于治疗大脑退化和紊乱方面的疾病，如阿尔茨海默症。

转基因荧光猪（左）

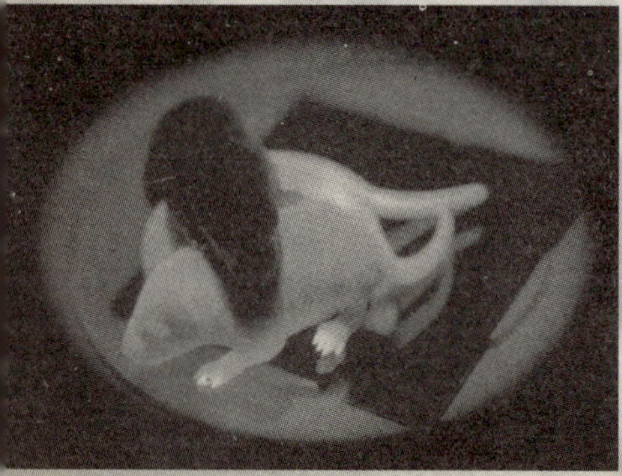

通过植入水母荧光蛋白质的基因，这些幼鼠在紫外线下闪闪发光

通过转基因技术，不仅可使绵羊产更多更好的毛，甚至有可能培育出生长着彩色羊毛的绵羊

通过转基因技术，动物的乳腺可以成为我们人类的“制药厂”，以生产医用蛋白。目前人们的研究主要集中在猪、牛、羊、鼠、兔等动物身上。有人估计，人用蛋白药物的全球市场每年可达2 000亿美元，而且还在持续增长。在这种巨大利益的驱动下，世界各大制药公司竞相投入巨资，培育含有人体蛋白的转基因动物。美国弗吉尼亚技术制药工程研究院培育出的转基因猪，其体内含有人类的基因，产乳后，其乳汁含有人体蛋白 fator Ⅷ。据估计，只需 300 ~ 600 只这样的母猪就能满足全世界对这种蛋白的需求。

转基因技术还可以为我们培育出某些令常人意想不到的奇特动植物。科学家们已经用转基因技术培育出了彩色棉花，也许不久的将来我们就会拥有彩色的绵羊。

美国弗吉尼亚技术制药工程研究院培育转基因猪

用于研究的转基因兔

10. 药神之术——基因工程药物

美国生物化学家博耶

1977年，美国加利福尼大学的生物化学家H·W·博耶等人，用基因重组技术，在大肠杆菌中制造出5毫克的人生长激素抑制因子。如果用传统的办法从羊脑中提取5毫克生长激素抑制因子，那就要有50万个羊脑。这是工程基因工程应用的一大胜利。

糖尿病是患者胰腺不能正常分泌胰岛素，引起血糖过高所致，其死亡率仅次于癌症和心脏病。全世界的糖尿病患者已达数千万人。20世纪初，医生们就采用胰岛素治疗糖尿病。但胰岛素以往主要靠从牛、猪等大牲畜的胰脏中提取，一头牛的胰脏或一头猪的胰脏只能产生30毫升的胰岛素，而一个病人每天则需要4毫升的胰岛素，胰岛素产量远远不能满足需要。

1978年，美国化学家W·吉尔伯特（他1980年因发明基因测序技术获得诺贝尔化学奖）领导的研究小组，利用重组DNA技术成功地使大肠杆菌生产出胰岛素。

为基因重组技术商业化而建立的第一家公司是美国旧金山的杰纳泰克公司。该公司由生物化学家博耶和企业家R·斯旺森创办，该公司能够大量生产人胰岛素。1982年，用基因技术生产的胰岛素产品获得批准并投入使用。

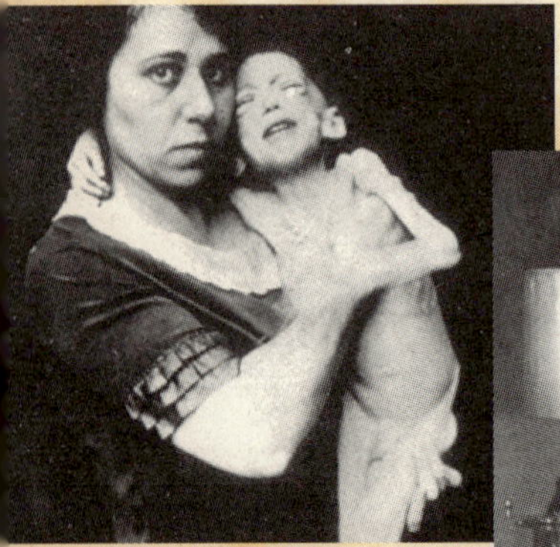
母亲怀中的糖尿病患儿

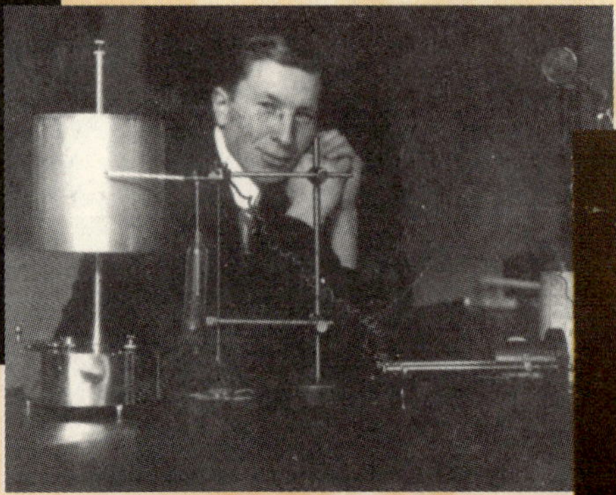
加拿大医药学家F·G·班廷（1891—1941）因发现胰岛素获得1923年诺贝尔生理学或医学奖

美国化学家吉尔伯特

干扰素是两位美国科学家在1957研究病毒的干扰现象时发现的一种抗病毒的特效药，能治疗病毒引起的感染，如水痘、肝炎和狂犬病等。干扰素本是我们身体内部少数几种能抵御病毒的天然防御物质之一，是在病毒入侵细胞以后从仍然健康的细胞中自然产生的。但人体内产生的干扰素数量非常小，所以当时生产的干扰素数量很少并十分昂贵。

1980年，由美国生物化学家博耶和科恩创建的基因工程公司，通过各种不同基因组合得到几种生产干扰素的细菌。1981年，又用酵母菌生产干扰素获得成功。过去，用白细胞生产干扰素，每个细胞最多只能产生100～1 000个干扰素分子；而用基因工程技术改造的大肠杆菌发酵生产，在1～2天内，每个菌体能产生20万个干扰素分子。现在，美国已经采用基因工程来大规模工业化生产干扰素。

中国在1982年已用基因工程方法培育出生产干扰素的大肠杆菌新菌种，它产生的干扰素跟天然干扰素一样具有抗病毒活性。同年，复旦大学遗传研究所获得人干扰素基因克隆的酵母菌株。1983年建立了人甲种干扰素基因工程无性繁殖系，并用于生产。

汤姆·苏姆与他的妻子都不到1米高，今后可利用基因技术生产生长激素治疗侏儒症

1987年开始上市的α型干扰素，对肾癌和多发性骨癌的疗效已得到承认

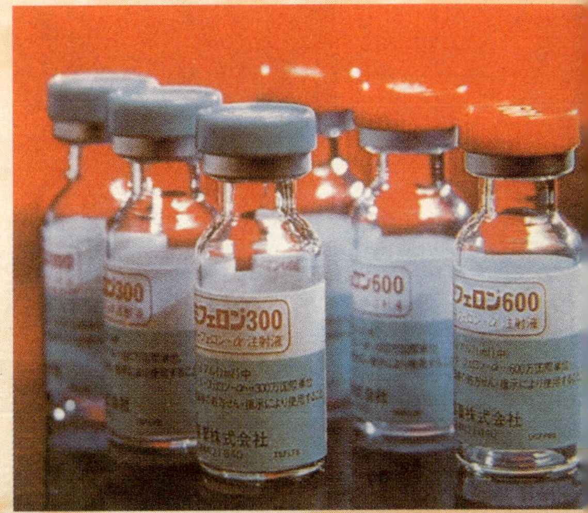

生物工程技术的诞生和应用，为我们的生活带来了种种可喜的变化，并为我们展示了一个充满神奇和梦想的未来世界。

但是，就在我们为扮演了上帝造物主的角色而沾沾自喜之时，一片阴云也袭上人们的心头：我们在干预具体某一生命过程的同时，是否也破坏了生命世界应有的和谐与秩序？

这一切，确令我们感到科学技术是一把“双刃剑”，关键是看我们如何冷静而科学地运用这些技术。

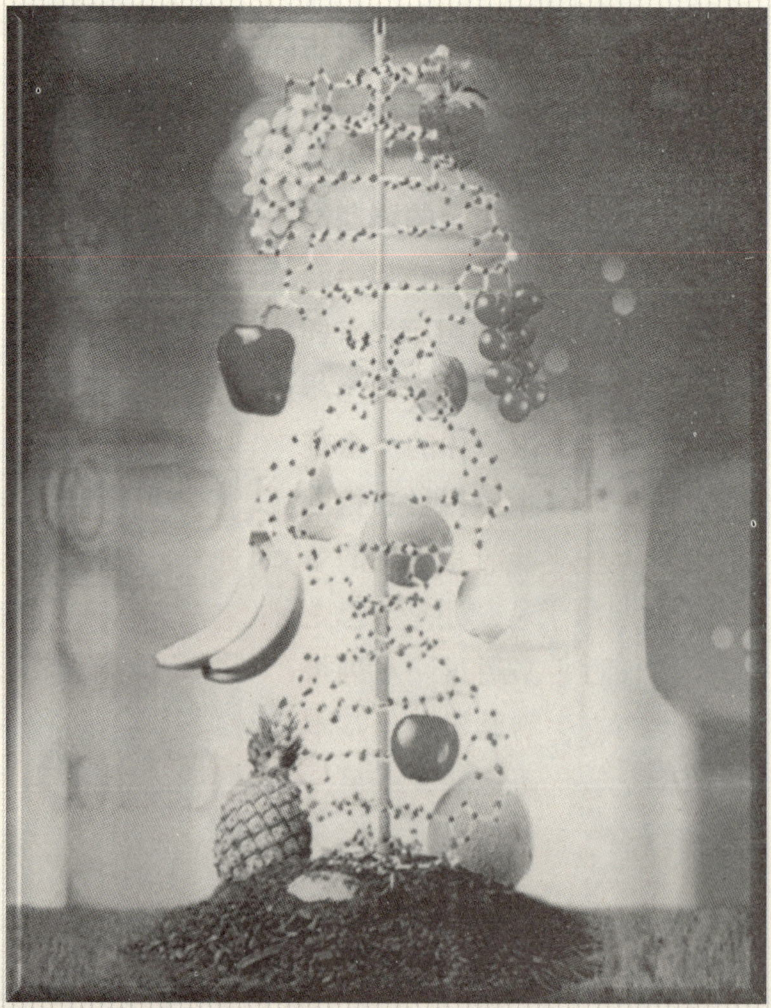

转基因食品使我们的餐桌更丰富了，但也使人们多了几分担忧

五　永无止境的螺旋

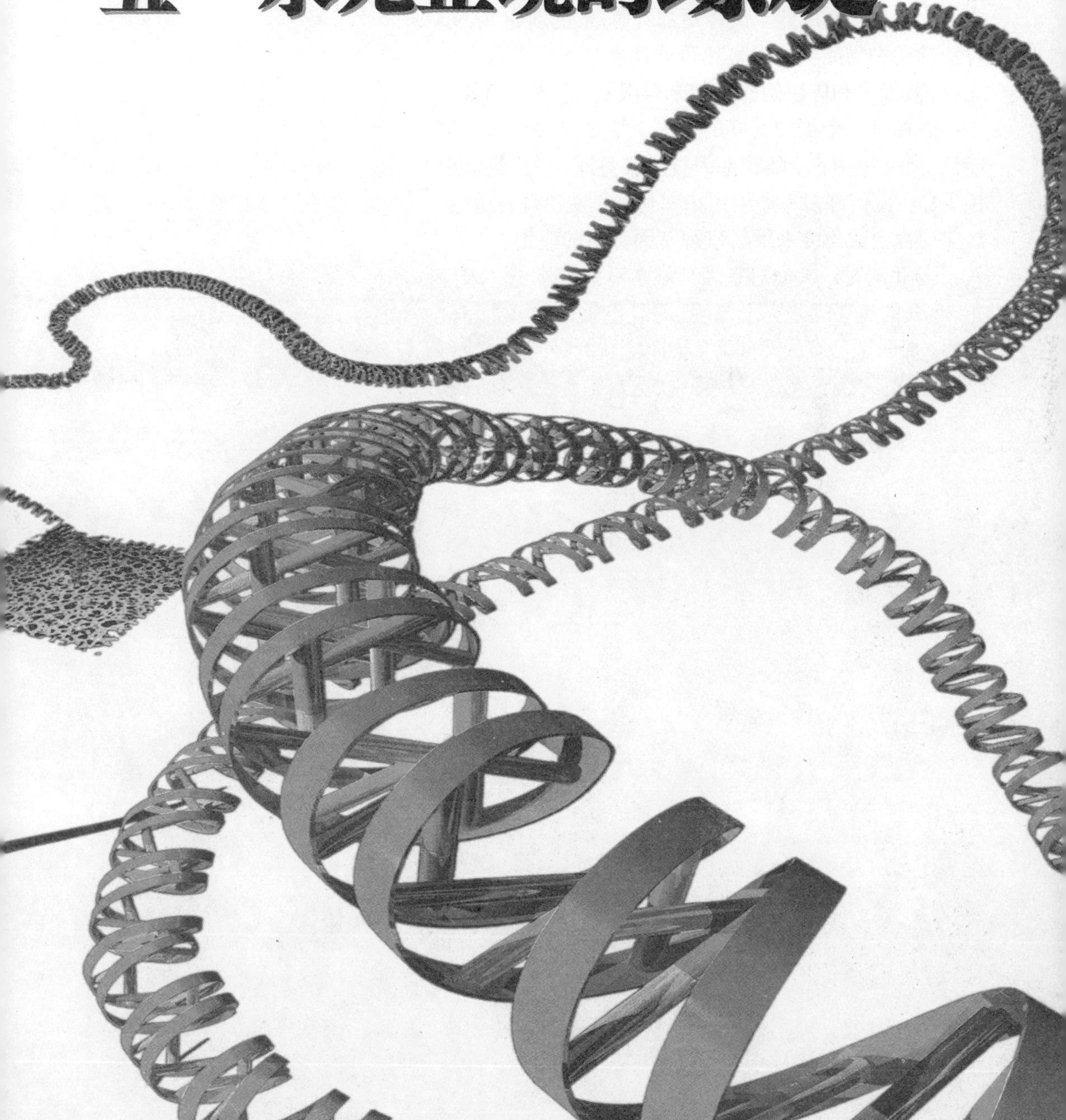

随着基因科学与技术的发展，为人们展示了广阔的应用前景。从基因的角度重新认识疾病，运用基因技术预防和治疗疾病、鉴定身份，器官再造，运用基因技术防止新生儿疾病甚至设计更加“完美”的新生儿，培育新的动物物品种……虽然目前这些技术大多数尚待完善，其发展和应用的前景却未可限量，这使人们看到了可以拥有一个更加美好的人生、更加美好世界的可能性。但另一方面，随着基因技术日益深入、广泛地干预生命，也使许多人产生了诸多忧虑，从伦理、道德、法律、社会的角度来重新审视基因技术的应用。

与此同时，人们对基因科学本身的探索也并未停止。生命的奥秘远未完全探明，而且也永远不可能完全探明。探明了已有的疑问，又会产生新的疑问，促使科学家继续去探索。在这一过程中，人们对生命的认识越来越深化。

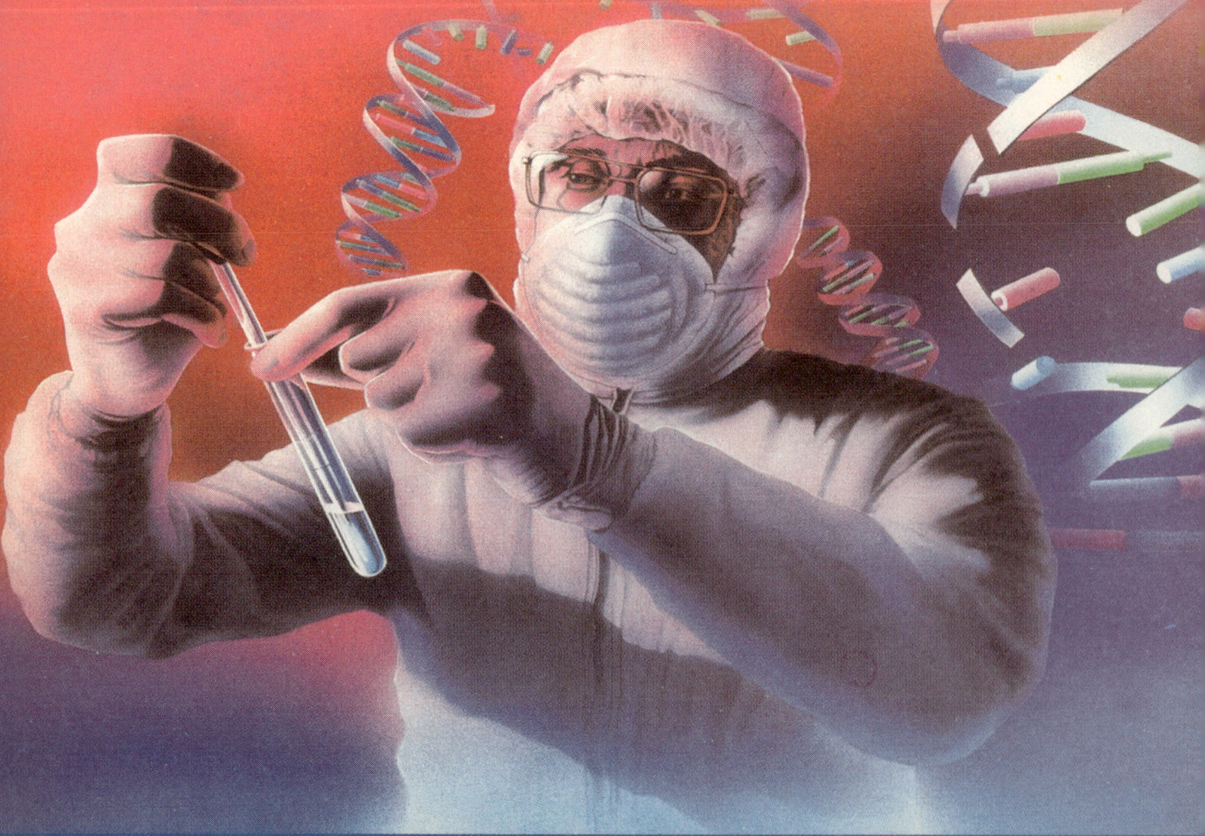

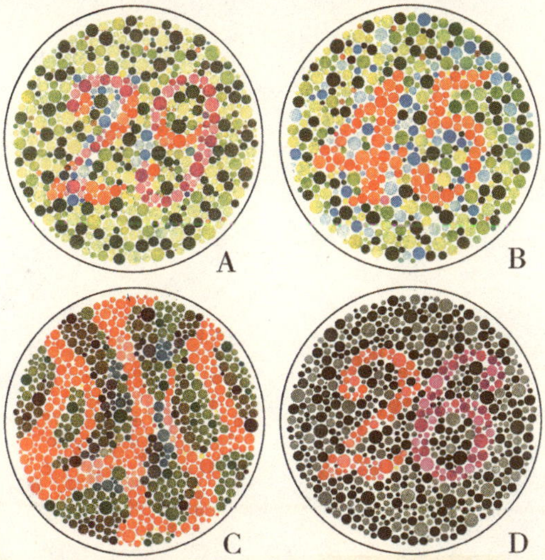

色盲检测表。不患色盲的人可在表中的A图中看到29，B图中看到45，C图中看不到数字，D图中看到26；红色盲患者在D图中仅能看到6，绿色盲患者仅能看到2；红色和绿色均色盲者，会在A中看到70，在C中看到5；全色盲者在四幅图中看不到任何数字。色盲症也是一种遗传性基因缺陷疾病，而且同血友病一样，也是女性隐性遗传，男性显性遗传。所以，色盲症患者多为男性

英国女王维多利亚(1837—1901)。她带有血友病的基因，并将其传给了她的儿女。血友病是一种遗传性凝血障碍疾病，患者可能因很小的伤口而出血不止导致死亡。血友病在女性一般表现为隐性遗传，较少发病，但会传给后代；在男性则表现为显性遗传，显示出病症

1. 基因与疾病

探索疾病的原因，是有效治疗疾病的前提。目前，医学对某些疾病还缺少有效的治疗方法，就是因为对病因缺乏深入的认识。基因科学的发展，为人类从细胞内部的微观生理学和分子生物学水平上寻找病因提供了新的思路。

1894年维多利亚女王(27)在科堡主持的一次欧洲王室成员集会，与会者有17人是她的后裔，其中有她的孙女亚历山德拉(21)，她同俄国沙皇尼古拉二世(20)结婚，导致他们的儿子患有血友病

各种白化动物

《黄山白猿》——中国现代画家张善子绘

中国古代就有对动物白化现象的记载。唐朝大诗人李白在《秋浦歌》中写道："秋浦多白猿，超腾若飞雪……"白猴、白虎等白化动物浑身雪白，历来被视为珍奇之物，甚至被赋予某些神话色彩。其实，动物的白化现象是一种遗传性疾病。

20世纪90年代中期，中国生物学家白寿昌与张亚平等人从分子生物学的角度研究猕猴白化现象。他们认为猕猴白化现象的实质是隐性遗传问题，并且在白化猕猴的DNA序列中找到了导致白化的异常基因。由于人类也有白化病的困扰，这一研究为人的白化病的研究、治疗提供了有力的理论依据。

白寿昌与张亚平在研究室中

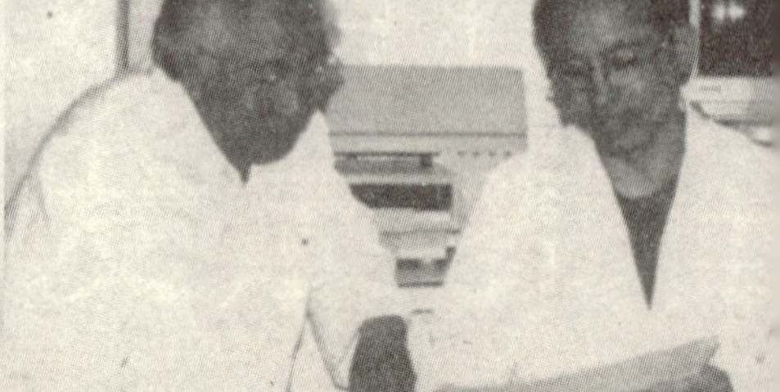

意大利裔美国病毒学家杜尔贝科

美国病毒学家和生物化学家巴尔的摩

美国病毒学家特明

长久以来，人们一直在探索导致癌症的原因。20世纪60年代以来的研究表明，癌症与基因有极大关系。

意大利裔美国病毒学家R·杜尔贝科（1914—　）20世纪60年代初发现：致癌病毒会把自身携带的DNA片断整合到宿主细胞的DNA上，在宿主细胞核内形成新的DNA。新的DNA上的一些来自致癌病毒的基因，会使宿主细胞转化成为癌细胞，并疯狂地增殖，导致肿瘤的产生。

美国病毒学家H·特明（1934—1994）、美国病毒学家和生物化学家D·巴尔的摩（1938—　）都曾是杜尔贝科的学生。杜尔贝科的理论只适用于DNA致癌病毒，不适用于大量的RNA致癌病毒。1970年，特明与巴尔的摩发现在RNA致癌病毒中存在着一种“逆转录酶”，在它的作用下，可以将RNA逆转录成为DNA。这就解释了RNA病毒的致癌机理。

由于上述成果，杜尔贝科、特明与巴尔的摩师生三人共同荣获1975年诺贝尔生理学或医学奖。

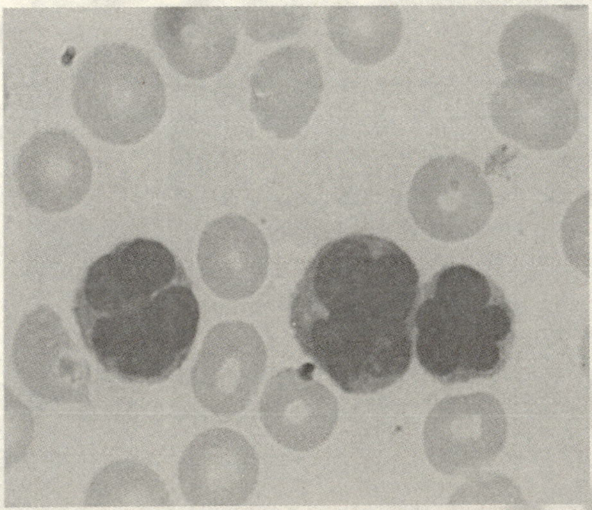

图中3个带细胞核的大细胞为白血病细胞、周围为正常红细胞

左为正常细胞，右为癌细胞，当原癌基因被激活后正常细胞就会转化为癌细胞。

1976年，美国生物化学家、病毒学家J·M·毕晓普（1936—　）和美国微生物学家、病毒学家H·E·瓦慕斯（1939—　）发现许多动物包括人类与生俱来就带着癌症的种子——原癌基因（即原致癌基因），而且数量相当惊人。这一发现引起人们的恐慌，许多实验室纷纷投入实验，企图否定这一发现，然而结果却使人们不得不相信他们的发现是正确的。

毕晓普和瓦慕斯在特明等人研究的基础上利用基因工程技术，揭开了癌基因更深一层的秘密。他们的研究表明：动物体内的大多数癌基因不是来自病毒，而是由于在动物的正常细胞基因中本来就存在一个庞大的癌基因族，正常情况下这些原癌基因是不活跃的，但当受到病毒入侵或遇到物理、化学、病毒感染等因素作用时，就可能被激活，突变为癌基因。这也就解释了化学污染、吸烟、放射线辐射等因素致癌的原因。

由于发现动物体内的“原癌基因”，毕晓普和瓦慕斯共同荣获1989年的诺贝尔生理学或医学奖。

因为科学家们的研究，人们对癌的成因有了进一步的了解，攻克癌症的希望也就多了一分。

瓦慕斯（左）、毕晓普在实验室中

1966—1968年我在哥伦比亚长老会医院当住院医生，为了从事医学学术研究，后来到国家卫生研究院艾拉·帕斯坦的实验室当助手。在这里我第一次大量接触科学实验，并且第一次体验到实验成功时的喜悦。这促使我决定将分子生物学特别是癌病毒研究作为此后学习和努力的目标。

——瓦慕斯

2. 基因疗法

一个庸医正在从一个痴呆的精神病患者头上取出“愚人之石”，该画是15世纪博希所画，以讽刺那个时代人们的无知。但在基因时代，如果真能取出致病的基因，那么这名患者也许就有救了

基因是“生命的设计图”，所以当基因由于突变、缺失、转移或是不正常的扩增而“出错”时，细胞制造出来的蛋白质数量或是形态就会出现问题，人体也就生病了。所以要治疗这种疾病最根本的方法，就是找出基因发生“错误”的地方和原因，把它矫正回来，疾病自然就会痊愈了。

所谓基因疗法，即是通过基因水平的操作来治疗疾病的方法。目前的基因疗法是先从患者身上取出一些细胞（如造血干细胞、纤维干细胞、肝细胞、癌细胞等），然后利用对人体无害的逆转录病毒当载体，把正常的基因嫁接到病毒上，再用这些病毒去感染取出的人体细胞，让它们把正常基因插进细胞的染色体中，使人体细胞“获得”正常的基因，以取代原有的异常基因；接着把这些修复好的细胞培养、繁殖到一定的数量后，送回患者体内，这些细胞就会发挥“医生”的作用，把疾病治好了。

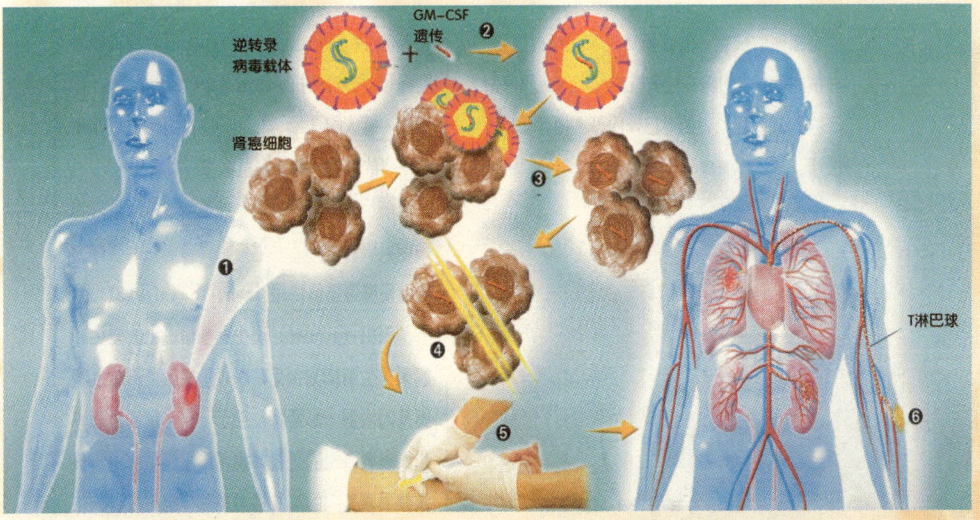

① 自患者体内取肾癌细胞。

② 将（粒细胞—巨噬细胞集落刺激因子）基因并入逆转录病毒载体。

③ 让并有（粒细胞—巨噬细胞集落刺激因子）基因的逆转录病毒载体感染摘出的肾癌细胞，使该基因导入癌细胞。

④③ 以辐射线照射带有该基因的癌细胞，使癌细胞丧失增殖力

⑤④ 将丧失增殖力的癌细胞接种到患者皮内。

⑥ 导入（粒细胞—巨噬细胞集落刺激因子）基因的癌细胞会在接种部位分泌（粒细胞—巨噬细胞集落刺激因子）来刺激免疫细胞，活化的T淋巴球再随血液循环攻击残存在体内的肾癌细胞、转移病灶的癌细胞

美国医学家安德森在实验室中

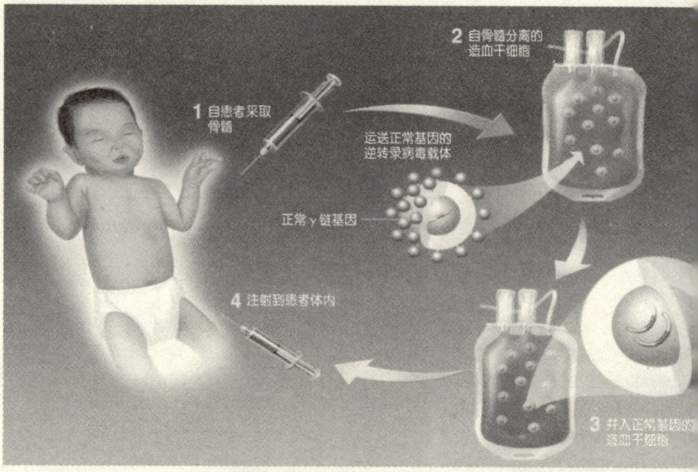

对重症先天性免疫功能不全患者进行的基因疗法步骤如下：首先自患者采取骨髓（1）；分离、提取骨髓所含的造血干细胞（2）；加入逆转录病毒载体，让病毒感染造血干细胞，使正常基因导入造血干细胞（3）；最后将植入正常基因的造血干细胞注射到患者体内（4）

1999年，第一个接受基因治疗的女孩德谢尔瓦已13岁，她已经能和普通孩子一样上学读书

美国马里兰州贝塞达市美国国立卫生研究所的医生W·F·安德森等人对腺甘脱氨酶缺乏症（ADA缺乏症）的基因治疗，是世界上第一个基因治疗成功的范例。

1990年9月14日，安德森对一例患ADA缺乏症的4岁女孩德谢尔瓦进行基因治疗。这个4岁女孩由于遗传基因有缺陷，自身不能生产ADA，先天性免疫功能不全，只能生活在无菌的隔离帐里。他们将含有这个女孩自己白血球的溶液重新输入她的体内，溶液内的白血球已经过改造，有缺陷的基因已经被健康的基因所替代。在以后的10个月内她又接受了7次这样的治疗，同时还接受酶治疗。1991年1月，另一名患同样病的女孩也接受了同样的治疗。两名患儿经治疗后，免疫功能日趋健全，能够走出隔离帐，过上了正常人的生活，并进入普通小学上学。

继安德森之后，法国巴黎奈克儿童医院的费舍尔博士与卡波博士也对两例先天性免疫功能不全的患儿成功地进行了基因治疗

法国巴黎奈克儿童医院的费舍尔博士与卡波博士

患有先天性免疫功能不全的患儿由于不能抵抗细菌的感染，只能生活在与外界隔离的无菌环境中

法国巴黎奈克儿童医院的基因疗法实验室

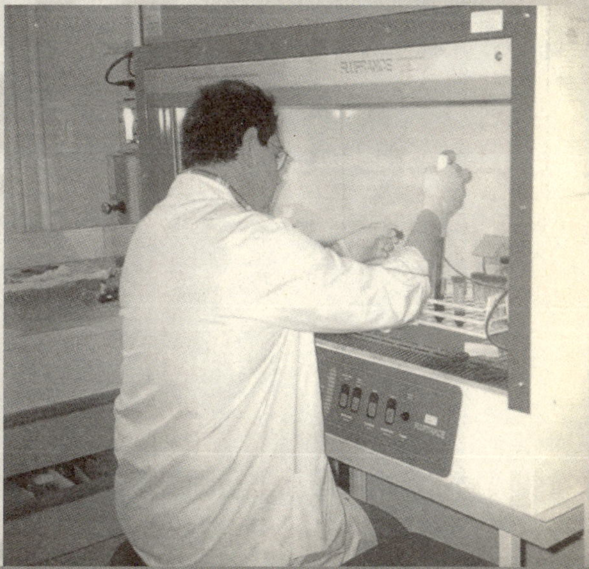

治疗癌症，是目前基因疗法研究的重点之一。遏止细胞癌化的基因称为抑癌基因，促进细胞癌化的基因称为致癌基因。若干抑癌基因异常和致癌基因异常重复发生，会使细胞癌化。基因疗法治疗癌症的方法之一就是增强抑癌基因、抑制致癌基因。科学家们发现P53基因就是一种抑癌基因，几乎所有癌细胞都可发现P53基因异常。目前科学家们正在研究利用P53基因抑制癌症的方法

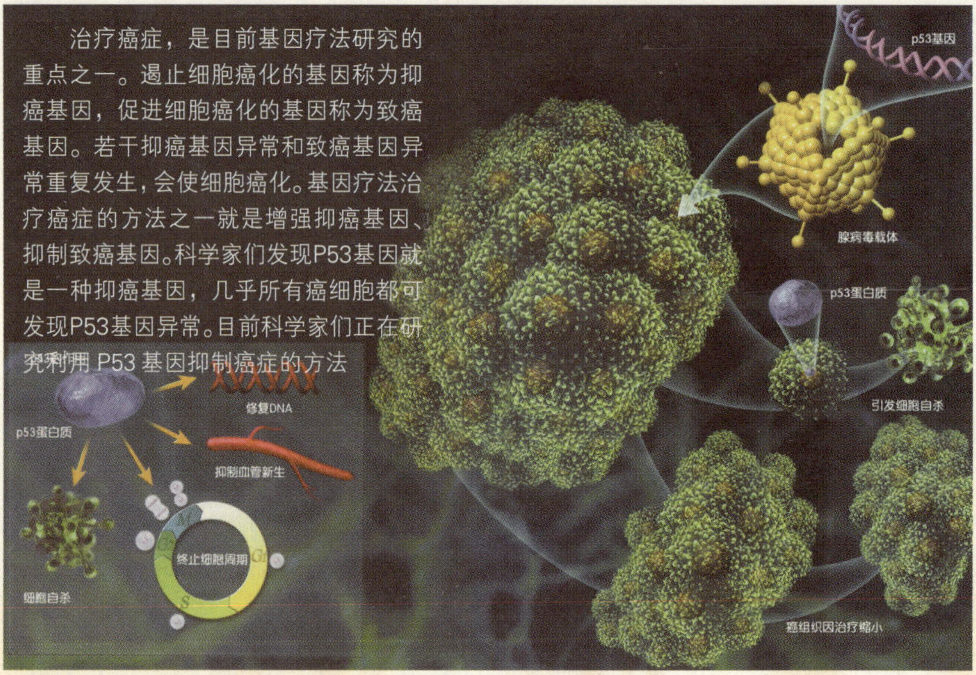

尽管目前只有极少数的基因疗法开始在临床试用，大多数还处于研究阶段，但它的潜力极大、发展前景广阔。

治疗癌症的另一个途径是阻止癌症的转移。日本科学家发现：动物体内的肝细胞生长因子具有促使癌细胞浸润正常组织、发生转移的作用，而癌组织周围血管的生长则为癌细胞提供更多的营养。他们利用一种被称为“天然杀手细胞”蛋白质4的物质，抑制动物体内的肝细胞生长因子和导致血管新生的基因，从而阻止癌细胞浸润、转移。目前这种基因疗法正在进行动物实验，有望成为有效的癌症治疗方法，且副作用不大

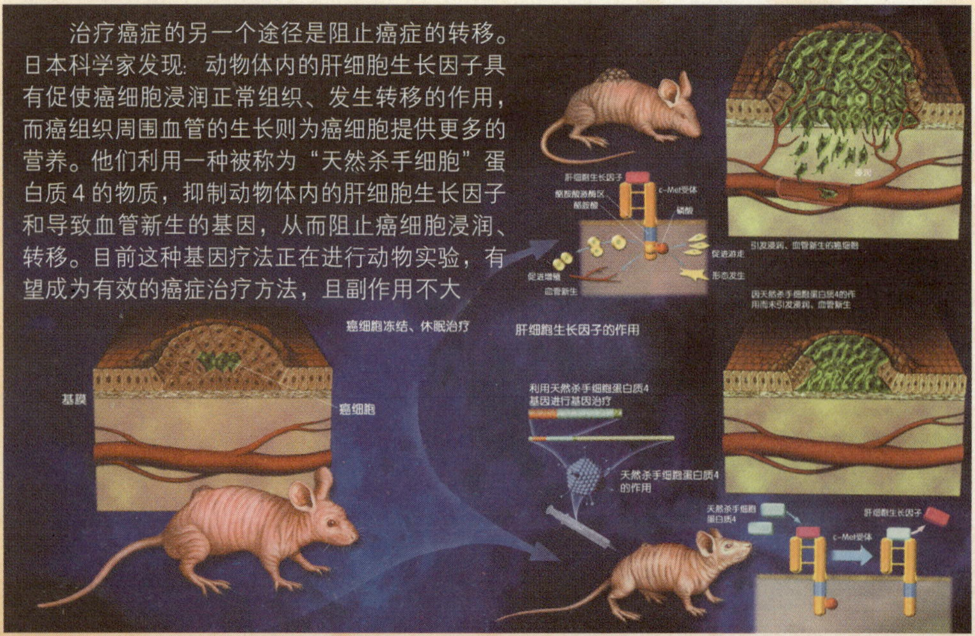

3. 基因鉴定技术

人体细胞有总数约为30亿个碱基对的DNA，每个人的DNA都不完全相同，人与人之间不同的碱基对数目达几百万之多,因此通过分子生物学方法显示的DNA图谱也因人而异，由此可以识别不同的人。所谓“DNA指纹”，就是把DNA作为像指纹那样的独特特征来识别不同的人。由于DNA是遗传物质，因此通过对DNA鉴定还可以判断两个人之间的亲缘关系。

DNA鉴定技术是英国遗传学家A·J·杰弗里斯（1950—　）在1984年发明的。由于人体各部位的细胞都有相同的DNA,因此可以通过检查血迹、毛发、唾液等判明身份。

2000年，我国河南省郑州市首次颁发DNA身份证。这张特殊的身份证表面印有持有者的姓名、年龄、性别、出生年月、血型、身份证号、照片等，但它的奥秘和价值所在是下方的一长排条形码。个人的遗传基因秘密就藏在这些条码中，显示持有者存在的唯一性。拥有者将真正与世界上其他60亿人口区分开来。DNA身份证在人体器官移植、输血、耐药基因的认定和干细胞移植方面都有非常大的作用。

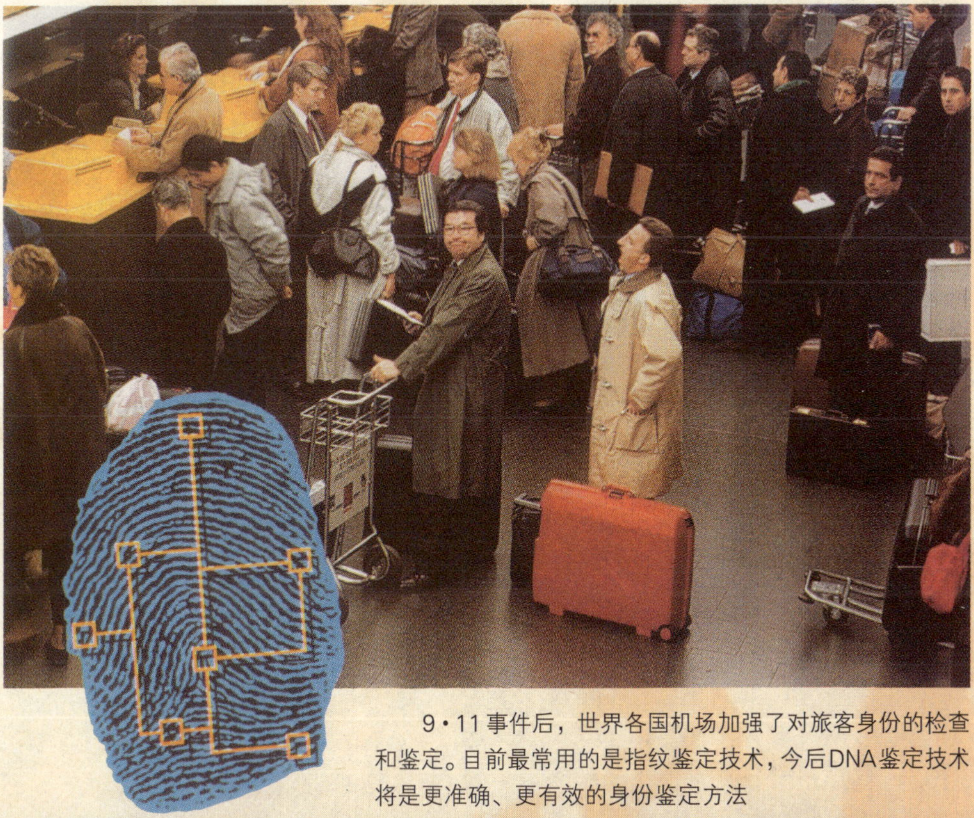

9·11事件后，世界各国机场加强了对旅客身份的检查和鉴定。目前最常用的是指纹鉴定技术，今后DNA鉴定技术将是更准确、更有效的身份鉴定方法

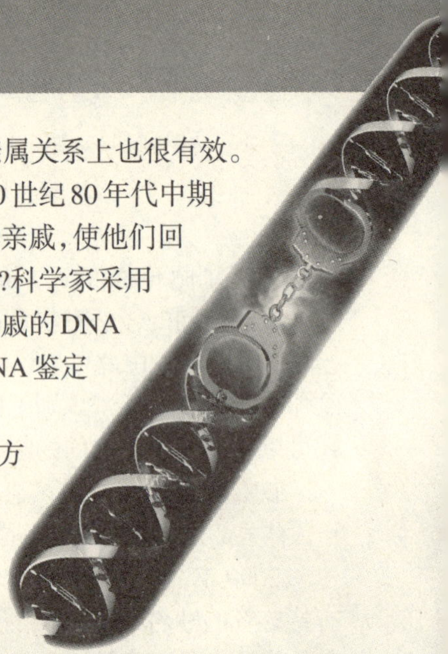

DNA鉴定技术除了可鉴定个人身份外，在鉴定亲属关系上也很有效。在阿根廷军人独裁政府期间，许多孩子失去了父母。20世纪80年代中期军人独裁结束后，政府希望把这些孩子们交付给他们的亲戚，使他们回到亲人的怀抱。可是怎样确定他们之间的血缘关系呢?科学家采用DNA鉴定技术，将孩子血液中的DNA与可能是他们亲戚的DNA相比较，帮助50多个孩子找到了亲人。现在这种用DNA鉴定身份的技术，已经广泛被各国采用了。

近一个世纪以来，指纹技术给侦破工作带来很大方便。但罪犯越来越狡猾，许多作案现场没有留下指纹。现在有了DNA指纹鉴定技术，只要罪犯在案发现场留下任何与身体有关的东西，例如血迹和毛发，警方就可以根据这些蛛丝马迹将其擒获，准确率非常高。DNA鉴定技术在破获强奸和暴力犯罪时特别有效，因为在此类案件中，罪犯很容易留下包含DNA信息的罪证。

根据DNA指纹破案虽然准确率高，但也有出错的可能，因为两个人的DNA指纹在测试的区域内有完全吻合的可能。因此在2000年英国将DNA指纹测试扩展到10个区域，使偶然吻合的危险几率降到十亿分之一。即使这样，出错的可能性仍未排除。

在美国前棒球明星辛普森前妻及男友被杀案中，警方曾依靠DNA鉴定技术指认辛普森有罪。但辛普森的辩护律师以DNA鉴定技术有百万分之一的差错率为由，致使辛普森无罪释放。图为法庭宣布辛普森无罪当庭释放时的情景

现代的侦探们将使用福尔摩斯无法想象的高技术手段——DNA鉴定技术来侦破案件

4. 长生不老不是梦

古今中外，长生不老是无数人的梦想，人类从5 000多年前就开始寻找长生不老药。但衰老是一个不可抗拒的自然规律。衰老的原因有多种，如蛋白质损伤、DNA损伤、细胞膜损伤、细胞内积累废弃物、端粒缩短等。

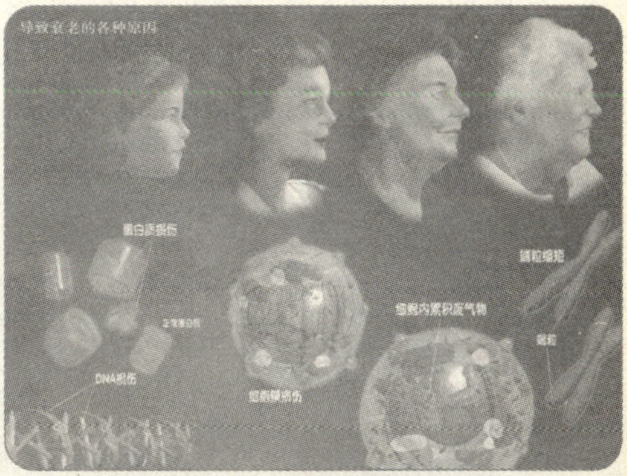

虽然人类无法抗拒衰老，但已经找到了一些长寿的办法。除了治疗疾病、均衡营养、减少环境污染、适量运动等方法外，发掘、控制衰老或长寿的基因成为最受科学家关注、也是最有潜力的途径之一。

15世纪意大利画家吉亚卡摩·雅奎里绘制的壁画《青春之泉》的局部。在神话传说中人只要喝了青春泉的水，就可以返老还童，长生不老

线虫是体长1厘米左右的小生物，约由1 000个细胞构成，栖息在土中，最长寿命不到22天，很适合用来做寿命实验。控制线虫寿命的基因有许多，破坏其中“时钟1基因”（clock 1 gene）可使线虫的寿命延长1.5倍。科学家们发现，人类也有与时钟1基因大致相同的基因。研究人员除了找到时钟1基因，还找到了“年龄1基因”（age1）、“daf-2”等受损会延长寿命的基因。人类的DNA中原来就有负责化解氧自由基毒性的基因，我们也可以采取活化该基因的办法，以防止老化。

科学家的研究已经发现，热量限制可以延长包括哺乳动物在内的许多物种动物的生命周期。其原因，一种解释是它减少了氧自由基对细胞造成的损伤。利用酶聚合反应，通过抗氧化剂来控制氧化压力。研究发现，由于限制热量摄入而延长生命的现象与一种叫作sir2基因有关。

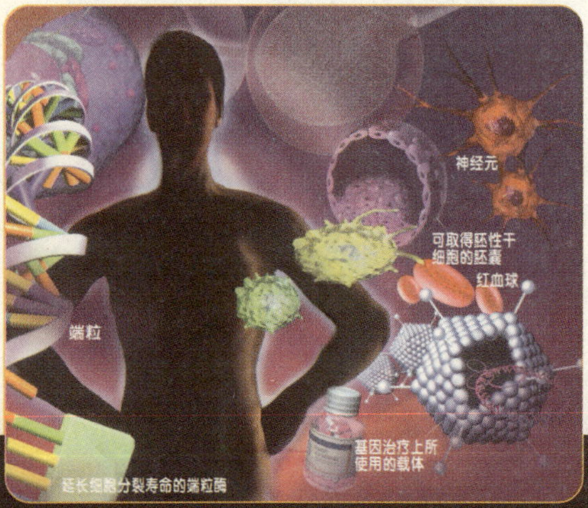

与200岁时代相关的各种医疗技术想象图

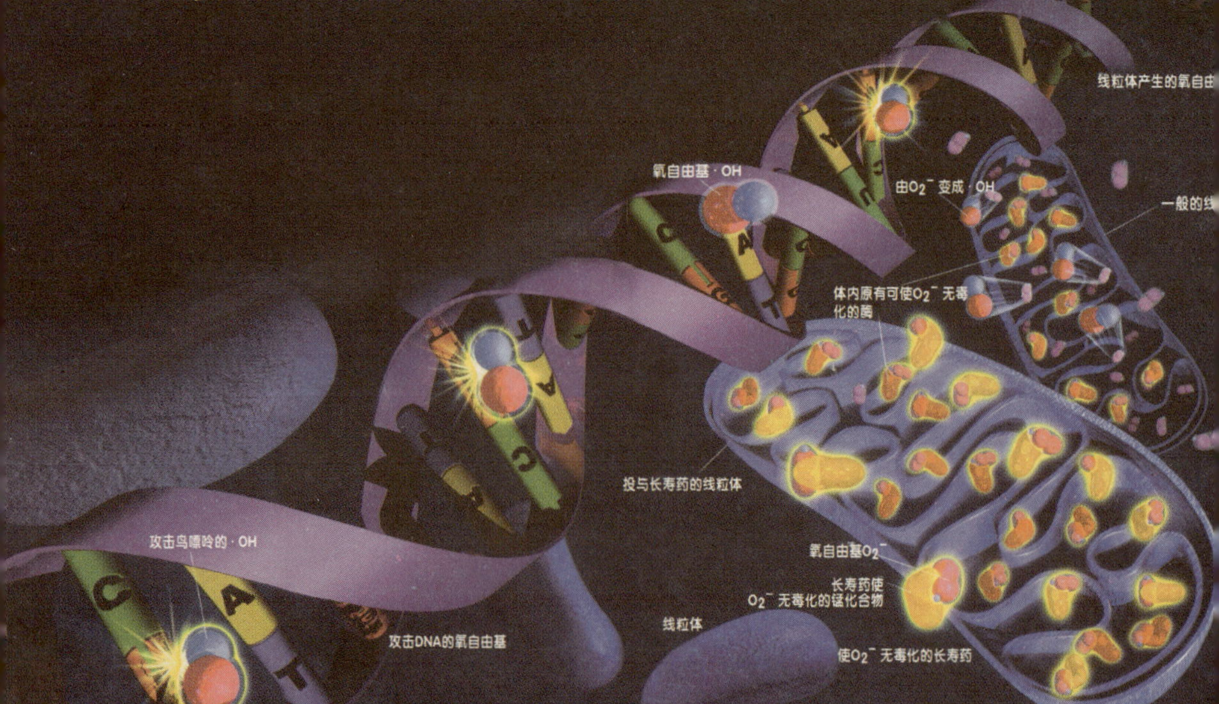

科学家还发现，一种称为“我还活着”的基因一旦发生改变，就会使果蝇寿命延长一倍。人体内也存在这种基因，它是通过改变新陈代谢来发挥作用的。有一种早衰症，病症是过早脱发、白内障、血管钙化、冠心病、糖尿病、以及癌症等，病人的平均寿命是47岁，而这种疾病就是一种基因导致的。

DNA缠绕成的染色体末端，有称做端粒（telomere）的区域，它控制着细胞的分裂次数，端粒随着细胞分裂每次变短，短到某个程度，细胞将不再分裂。人的一生中，细胞大约能分裂50~60次。因此，有学者提出：端粒是控制生理寿命的生物钟，而端粒长短就成为表示细胞“年龄”的指标。有人设想：如果加入一种“端粒酶”阻止它缩短，就可使细胞保持年轻，人就像吃了“唐僧肉”一样实现长生不老的梦想。

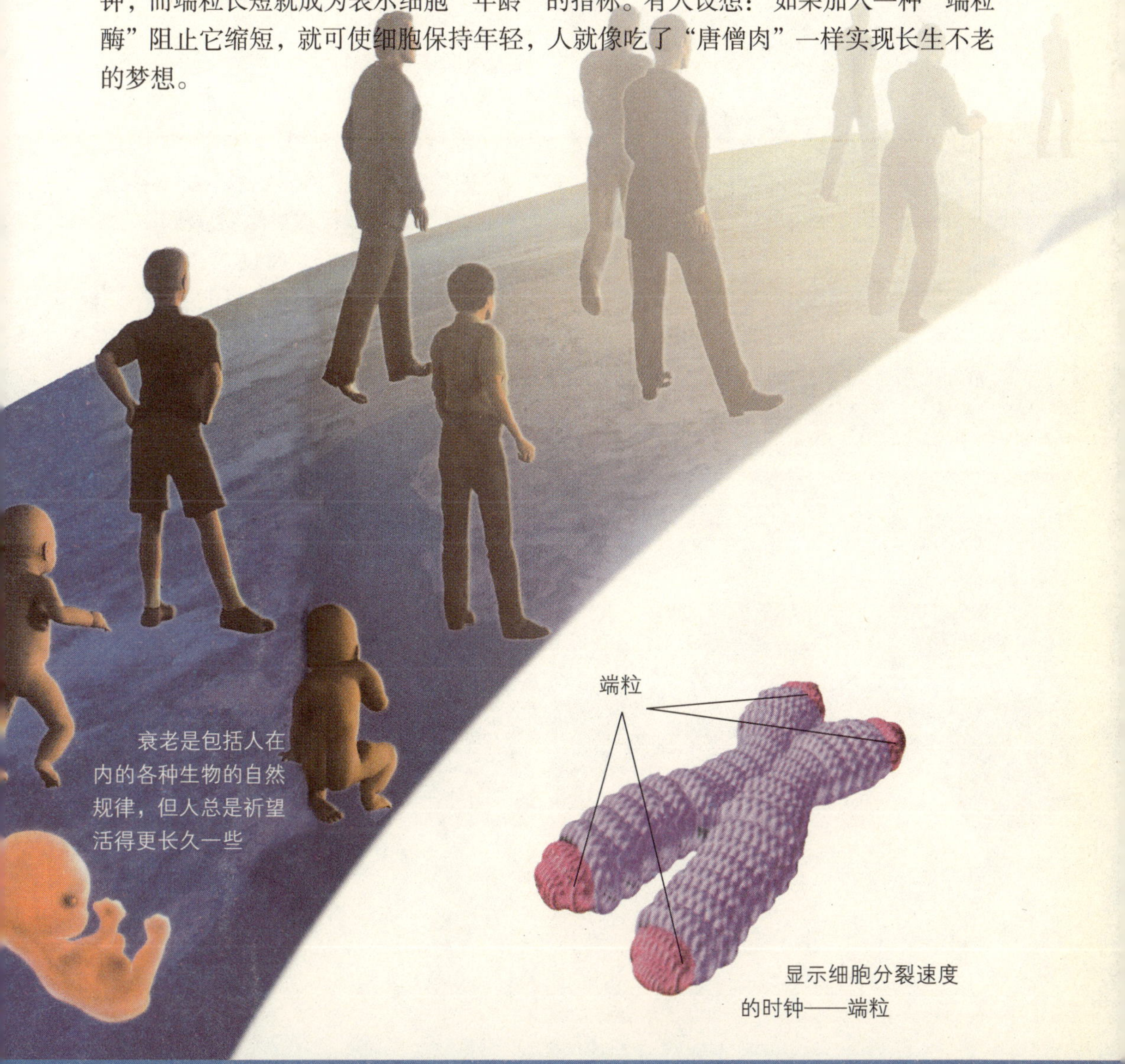

衰老是包括人在内的各种生物的自然规律，但人总是祈望活得更长久一些

显示细胞分裂速度的时钟——端粒

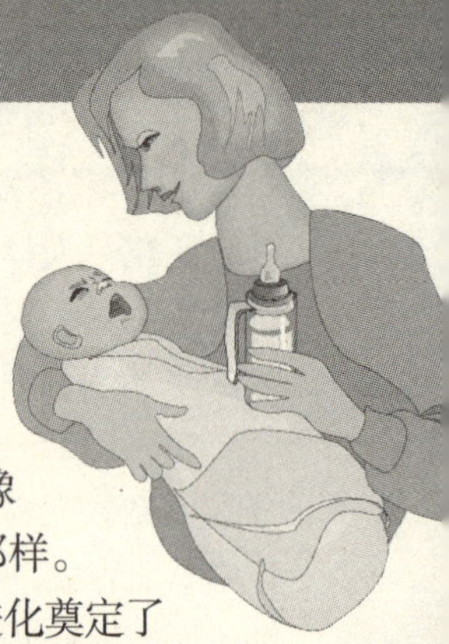

5. 是不是完美的 baby

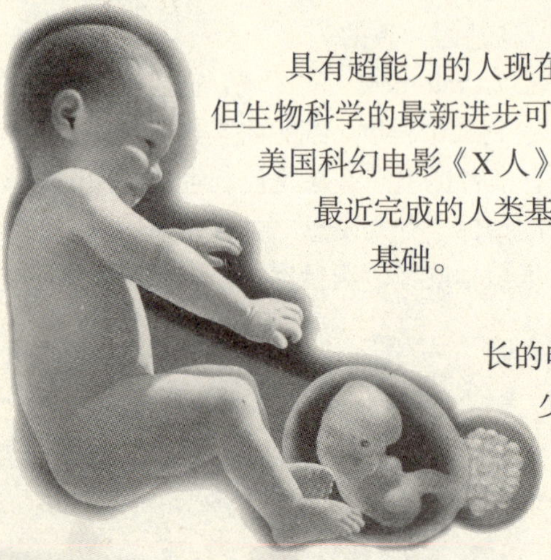

具有超能力的人现在听起来可能有些离奇，但生物科学的最新进步可能会使他成为现实，就像美国科幻电影《X人》（X-Men）中所描述的那样。最近完成的人类基因组测序为人类的定向进化奠定了基础。

基因组具有30亿个碱基对，类似于一个很长的电脑程序，目前我们只能“读懂”其中很少的一部分基因组。一旦人类基因组中包含的信息全部被解密，科学家不仅能够利用基因技术治疗癌症等以前无法治疗的疾病，帮助人类抗衰老、长寿，而且将来父母将能够对未来的孩子进行设计，排除导致孩子患癌症、心脏病等疾病的因素。他们还会设想激活或植入导致孩子聪慧、强壮和美貌的基因，试图制造一个完美无缺的婴儿。人类正在朝着“X人”的方向发展。

基因技术将使“完美 baby”不再是梦

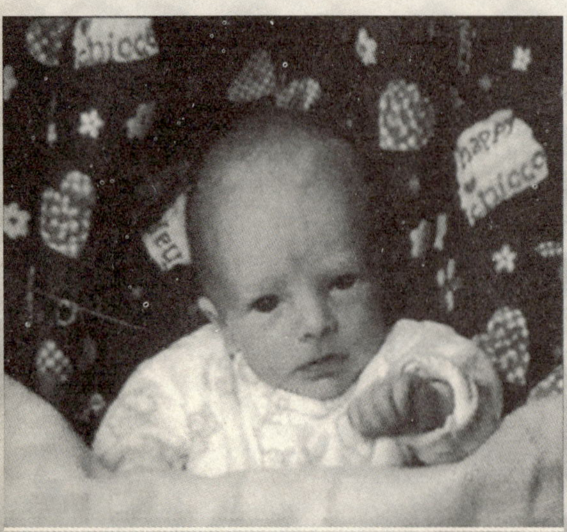

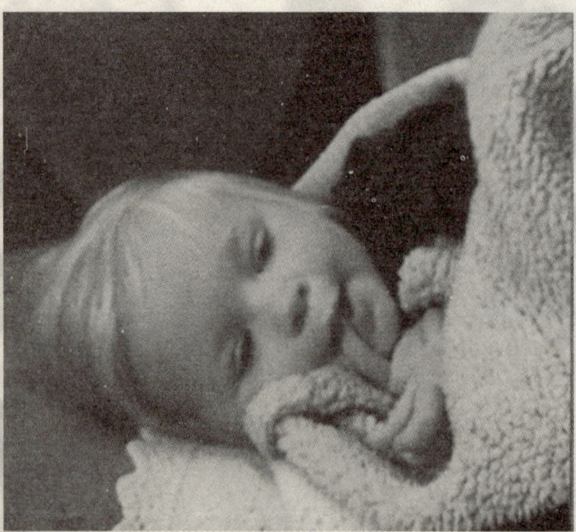

左为患有囊肿性纤维症的婴儿，右为患有囊肿性纤维症的3岁女童。通过基因技术人类将可能防止这类先天性疾病

我们对基因了解的越多，我们对它能做出的改变就越多。将来的某一天，医学可以在怀孕前就改变儿童的命运。在婴儿出生以前，医学早已介入他的命运。他看起来是一个正常的、完美的婴儿，但实际上他是一个非常特别的婴儿。他从父母那里继承的基因并不是随机继承的，而是被刻意选择的。用来制造他的科学技术正在把我们带进一个未知的世界。通过对基因的控制，人们有可能做到一些不同寻常的事。

对基因的调整将不可避免地引起人们对创建“优等种族”的恐惧。当我们准备介入生命之前，应三思而后行。

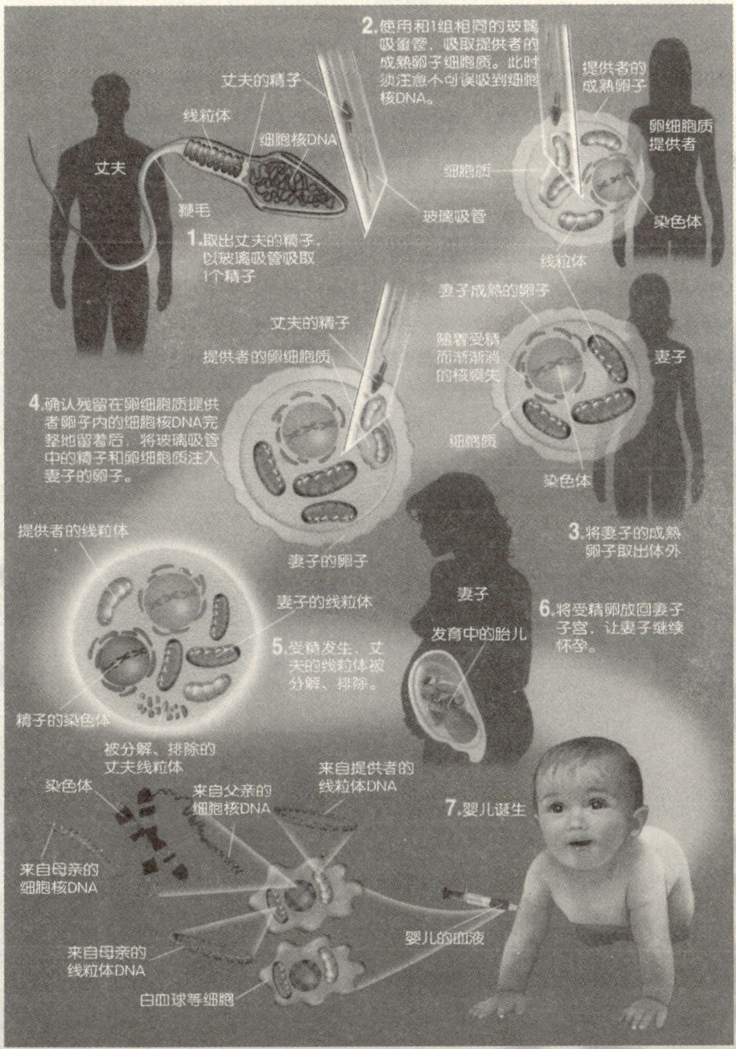

2001年5月4日，英国BBC报道了一则耸人听闻的新闻：带有3人基因的婴儿诞生了。图为其技术操作示意图

6. 探索生命之源

美国生物化学家萨姆纳

生命的起源，是人们普遍关心的问题。这是类似于“先有蛋还是先有鸡”的命题：地球上最早最古老的生物大分子究竟是什么?是蛋白质还是核酸?核酸的合成需要酶的催化，而蛋白质的合成又需要核酸作为遗传模版。它们之中谁是导致生命诞生的“第一元素”?

1926年，美国生物化学家J·B·萨姆纳（1887—1955）第一次提纯出了一种名叫“脲酶”的酶，并证明酶是一种蛋白质。他因此荣获了1946年诺贝尔化学奖。萨姆纳的发现使生物学家们认为：是酶在起到细胞分裂的催化功能，因此在生命最初诞生的那一刻是先有蛋白质，后有核酸。在20世纪80年代以前，人们已知道核酸是遗传信息的载体，但一般认为它们并不具有生物催化作用；只有蛋白质才具有生物催化作用，是它导致了生命的诞生。细胞内核酸作为遗传信息分子、蛋白质作为催化分子分工的观点得到普遍认同，并被作为“生物化学的基本定论”，写入有关的教科书，统治了生物学界半个多世纪。

分离提纯后脲酶的结晶

生命起源的想象图

萨姆纳17岁那年在一次打猎时，朋友的猎枪走火击中了萨姆纳的左臂，医生不得不截去他肘关节以下的手臂

萨姆纳未因残疾而消沉，他学着用一只右手做各种事情，特别是他所钟爱的化学实验。祖父曾劝他学习不需要双手操作仪器设备的法律，将来从政作官。但出于对科学的热爱，萨姆纳没有遵从祖父的愿望

萨姆纳以惊人的毅力和出色的成绩完成了大学学业。当他报考生物化学专业研究生时，导师被眼前的独臂青年惊呆了，他不相信萨姆纳能够应付每天大量的化学实验，但萨姆纳以执着的态度和娴熟的操作使导师不得不折服了

后来，萨姆纳成为一名杰出的生物化学家。在49岁那年，经过了9年漫长而艰苦的研究实验，克服了许多常人所难以想象的困难，他在世界上首次分离提纯出了酶，并证明酶是一种蛋白质。他因此获得了诺贝尔奖

萨姆纳在工作室中

1978年和1981年，美国化学家S·奥尔特曼（1939—　）和美国化学家T·切赫（1947—　）分别在实验中发现：核糖核酸具有生物催化作用，具有酶一样的活性。这一发现意味着：地球上最早最古老的生物大分子有可能是不仅具有携带遗传信息功能、也具有生物催化功能的核糖核酸分子。这一发现使科学家们对生命起源于蛋白质的定论重新审视。由于这一发现，奥尔特曼与切赫于1989年获诺贝尔化学奖。

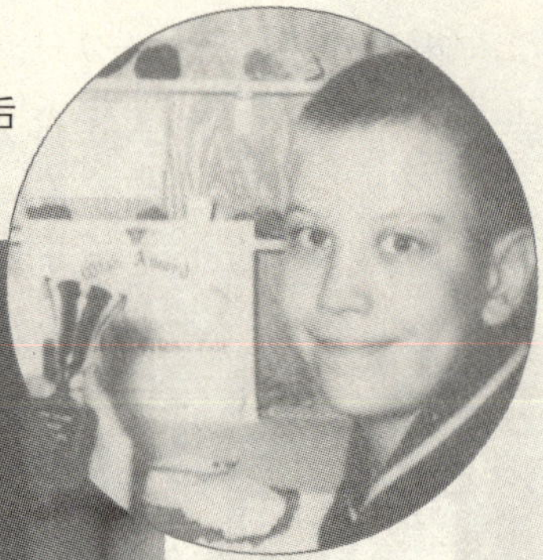

少年时代的切赫。身后摆放着他收集的岩石标本

美国化学家奥尔特曼

美国化学家切赫（切赫本人提供）

用自己的眼睛去发现、去探索

切赫小学四年级时喜爱上了地质学。他看了不少地质学方面的书，但他更喜欢到大自然中用自己的眼睛去发现、去探索。

12岁时，切赫随爷爷去科罗拉多大峡谷旅游，采集了很多岩石标本。爷爷担心行李超重上不了火车，要把一部分石头扔下。但小切赫哪怕一块小石头也舍不得丢下。他瞒着爷爷将石头装进了自己背着的旅行袋。只要能把心爱的岩石标本背回家，旅行袋再沉小切赫也不觉得累。

正是这种用自己的眼睛去发现、探索科学奥秘的欲望，引导着切赫一步步走上了科学的道路，并取得了重大的科学发现。

美国医学家、病毒学家盖达塞克

20世纪50年代初，南太平洋岛国新几内亚西部原始森林中的土著民族佛鲁人中流行一种怪病——“库鲁病”。患者初期抑制不住地震颤、四肢阵挛性抽搐、精神错乱，并不时发出痛苦、可怕的笑声，最终导致瘫痪而死亡。这种病原因不明，有的部落近半数的人死于这种病。

美国医学家和病毒学家D·C·盖达塞克（1923—　）冒着被传染的危险，历时10年深入土著人部落生活调查库鲁病。盖达塞克发现，佛鲁人有一种野蛮的习俗：当家中有人死去时，女眷和儿童生食死者的大脑，而库鲁病患者恰恰以妇女和青少年居多。于是，盖达塞克劝说当地人改除这种陋习。数年后，库鲁病的发病率大为降低。

盖达塞克对库鲁病病死者的大脑进行培养和分析，但始终未能找出致病的细菌或病毒。后来受其他科学家的启发，他认定这是一种人类尚未认识的、比病毒还小的病原微生物，盖达塞克将它命名为“慢病毒”（注：“慢病毒”不是病毒）。后来，他和其他科学家又发现了另外几种能导致神经系统疾病的慢病毒，并荣获1976年诺贝尔生理学或医学奖。

新几内亚岛山区热带雨林中的佛鲁人村庄（版画）

新几内亚岛风光

美国神经生理学家普鲁西纳

20世纪80年代，美国神经生理学家S·B·普鲁西纳（1942— ）发现了一种比病毒还小、内部不存在核酸的微生物致病因子。由于这种致病因子具有蛋白质的性质，所以普鲁西纳将其命名为“朊毒体”（意为“类蛋白质感染因子”）。

1985年，世界上发现首例疯牛病。1992年，欧洲疯牛病流行。同时，人们又发现羊的亚急性传染性海绵样脑病（又称“羊痒病”）、人的新克－雅氏症都具有与疯牛病类似的症状，并且都有脑组织海绵样坏死，这三种病的罪魁祸首就是普鲁西纳所发现的“朊毒体”。后来经普鲁西纳和其他科学

朊毒体感染动物的脑组织

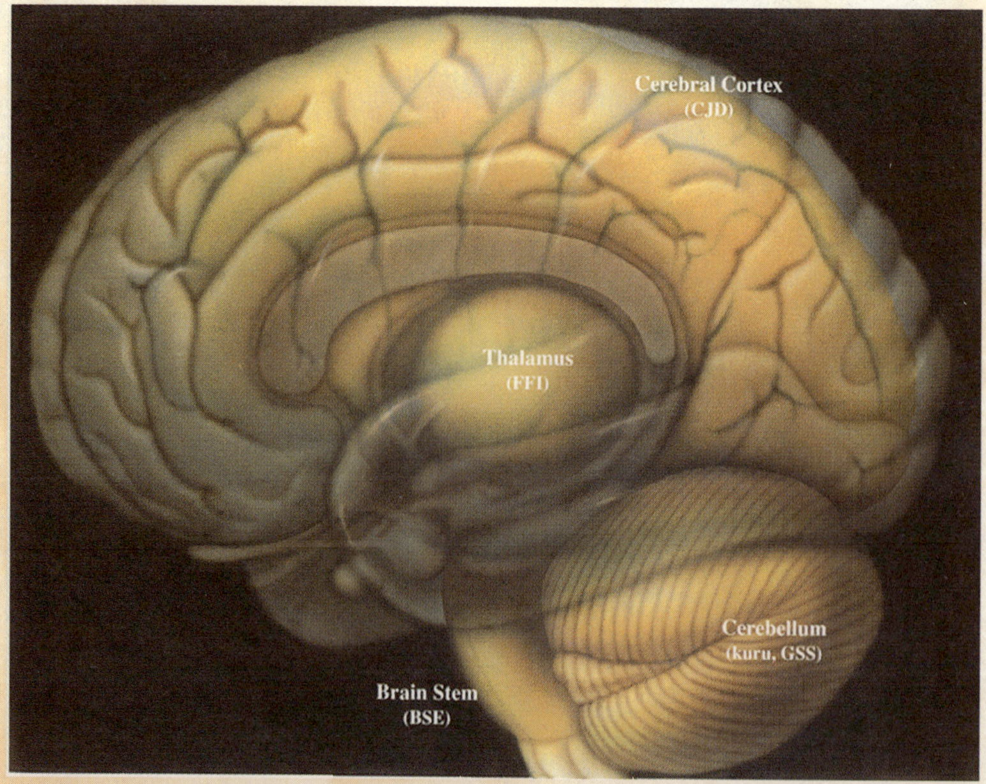

家进一步证明：库鲁病和早老性痴呆症等神经系统疾病，也都是由与朊毒体类似的病原微生物所引起的，慢病毒与朊毒体可能是同一类生物体。普鲁西纳因此荣获了 1997 年诺贝尔生理学或医学奖。

不仅如此，朊毒体的发现还向“一切生物都存在核酸、遗传必须经过核酸”的生物学“圣经”发起了挑战，即蛋白质也可能具有遗传功能，并为生命起源的研究开辟了新思路。但这一点目前还有待进一步的研究和检证。

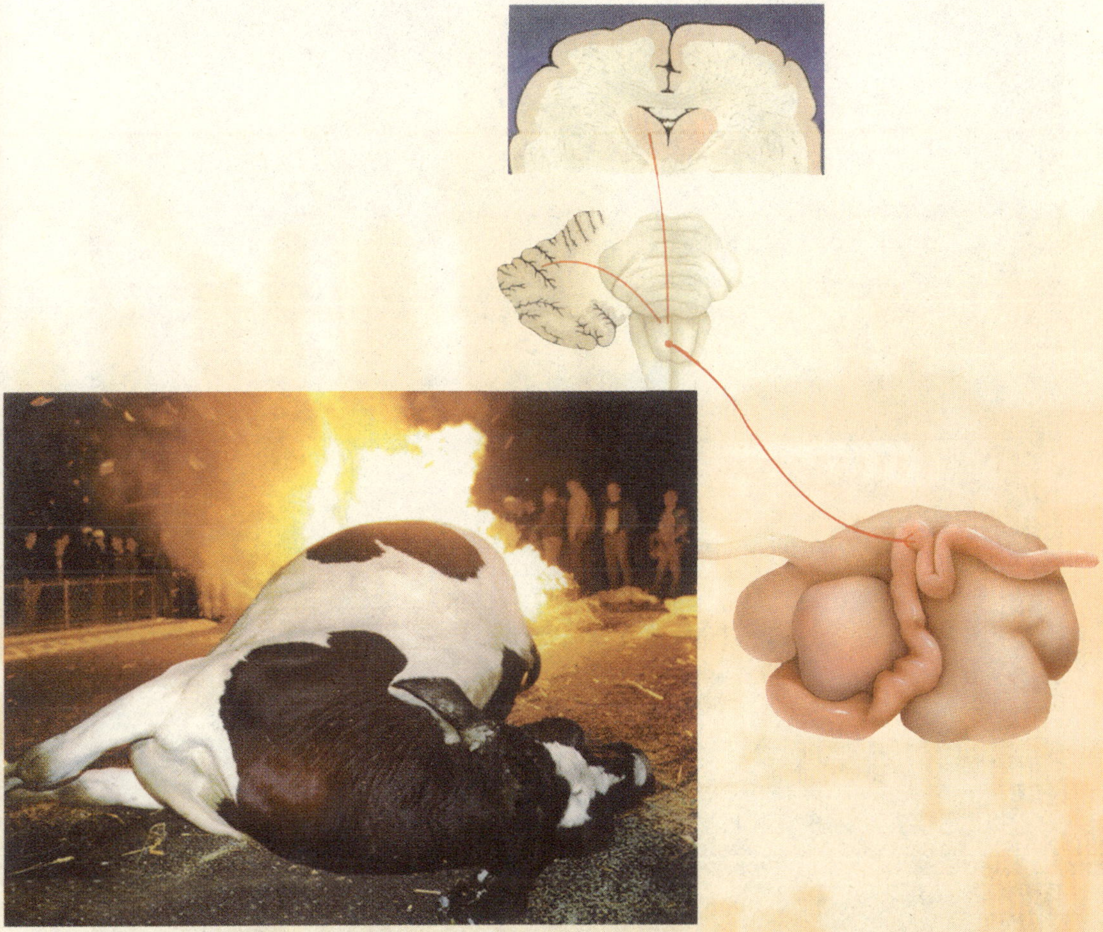

当病畜脑组织成为其他牲畜的饲料时，朊毒体便通过牲畜的胃肠道入侵其脑部

DNA的双螺旋结构体现着一种科学之美，它与和谐的大自然之美交相辉映。科学家们为我们展示了科学之美、探索之美，而且通过科学技术的进步为人类创造了日益美好的生活。

DNA是螺旋状的，生命科学的探索之路也是螺旋的，而且是永无止境的。人体自身和大千世界还有数不清的未解之谜，正等待着人们进行探索。让我们体验和探索科学之美，续写和创造永无止境的螺旋之美。

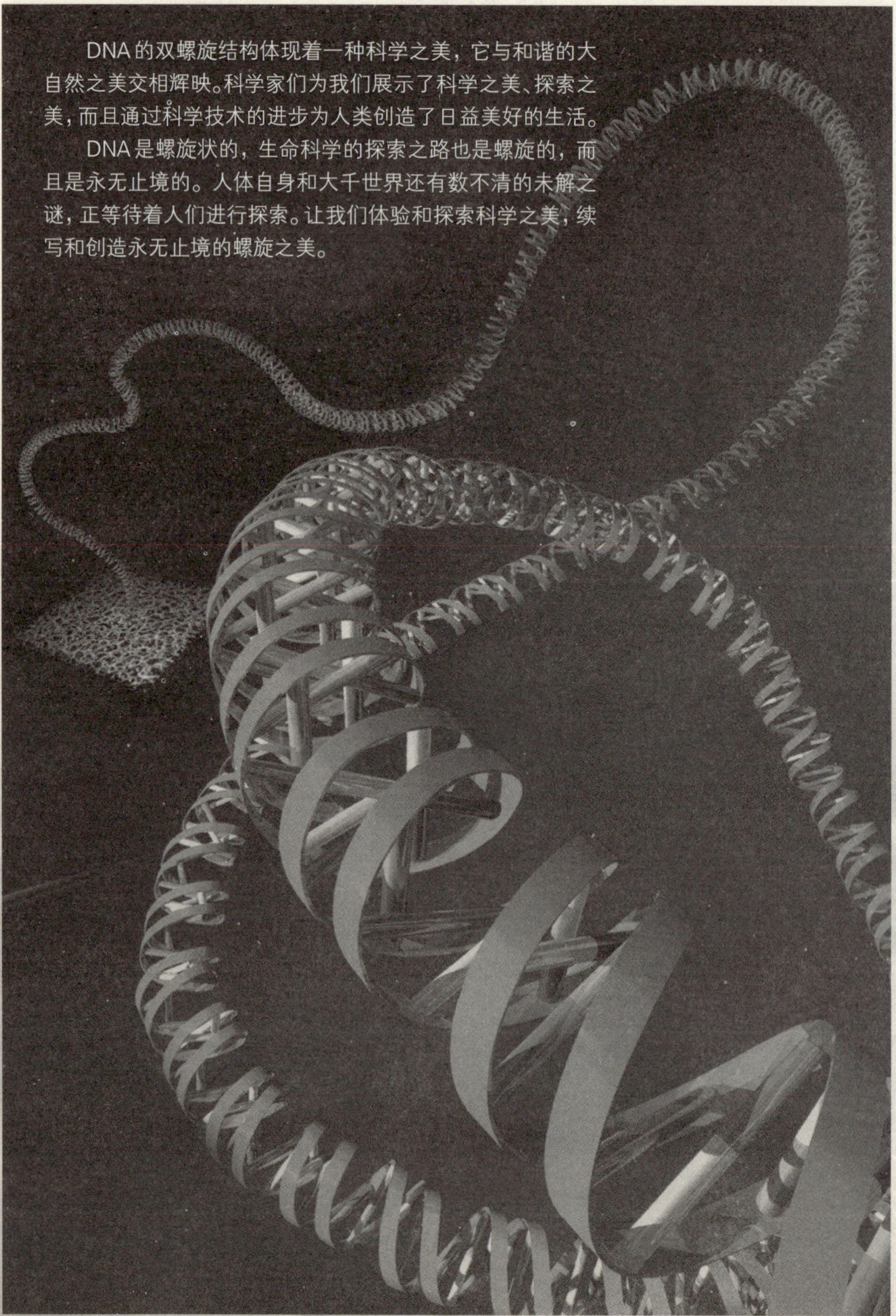

附：基因科学技术大事记

1859 年　英国生物学家达尔文发表《物种起源》，系统论证了生物进化的普遍规律。

1865 年　瑞士科学家米歇尔发现核酸。

1866 年　奥地利生物学家孟德尔提出遗传学的分离定律、自由组合定律和遗传因子学说。

1879 年　德国生物学家弗莱明发现细胞核内的染色体。

1915 年　美国生物学家摩尔根创立现代遗传学的基因学说。

1924 年　德国细胞学家福尔根发现核糖核酸（RNA）和脱氧核糖核酸（DNA）。

1927 年　美国遗传学家缪勒发现 X 射线照射可人工诱使遗传基因发生突变。

1944 年　美国细菌学家艾弗里首次证明 DNA 是遗传信息的载体。

1951 年　美国女遗传学家麦克林托克提出了可移动的遗传基因（即“跳跃基因”）学说。

1953 年　美国生物学家沃森、英国生物物理学家克里克建立 DNA 的双螺旋结构模型，并提出了 DNA 的复制机制。

1955 年　华裔生物学家蒋有兴、瑞典生物学家莱温确认人体的 46 条染色体。

1956 年　美国生物化学家科恩伯格与奥乔亚用人工合成的方法制得了 DNA 和 RNA。

1957 年　英国生物物理学家克里克提出了遗传“中心法则”。

1958 年　法国医学家勒热内在世界上首次发现染色体异常导致的疾病。

1961 年　法国生物化学家莫诺、雅各布合作提出“信使核糖核酸”（mRNA）和“操纵子”概念，阐明 RNA 在遗传过程中的信息传递作用和乳糖操纵子在蛋白质生物合成中的调节控制机制。

美国生物化学家尼伦伯格发现了第一个遗传密码。

1963 年　美国生物化学家霍拉纳、尼伦伯格、奥乔亚等人测出全部 20 种氨基酸的遗传密码。

1965 年　瑞士微生物遗传学家阿尔伯首次从理论上提出了生物体内存在具有切割基因功能的限制性内切酶，并于 1968 年成功分离出Ⅰ型限制性内切酶。

1970 年　美国分子生物学家史密斯分离出了Ⅱ型限制性内切酶。

1971 年　美国微生物遗传学家内森斯使用Ⅱ型限制性内切酶首次完成了对基因的切割。

美国病毒学家特明、巴尔的摩发现“逆转录酶”，揭示了生物遗传中存在着由 RNA 形成 DNA 的过程，发展和完善了“中心法则”。

1972 年 美国生物化学家伯格首次将剪切后的不同 DNA 分子连接组成新的 DNA 分子，首创基因重组技术。

1973 年 美国生物化学家科恩、博耶合作完成将两种不同基因拼接的复合基因引入细菌的实验，并申报了第一个基因重组技术专利。

1975 年 德国免疫学家克勒、英国生物化学家米尔斯坦合作开发出单克隆抗体技术。

1977 年 美国生物化学家博耶利用 DNA 重组技术产生出人体生长激素释放因子。

1983 年 世界上第一株转基因植物在美国诞生。

1986 年 第一只胚胎细胞克隆动物（绵羊）在英国诞生。

1990 年 “人类基因组计划”正式启动。

1996 年 第一只体细胞克隆动物（绵羊）“多利”在英国诞生。

1998 年 中、日、美、英、韩 5 国代表制定“国际水稻基因组测序计划”。

2000 年 中、美、日、德、法、英 6 国科学家联合宣布成功绘制出人类基因组草图。
“中国超级杂交水稻基因组计划”正式启动。

2001 年 中、美、日、德、法、英 6 国科学家联合公布人类基因组图谱及初步分析结果。

2003 年 中、美、日、德、法、英 6 国科学家联合宣布完成人类基因序列图。
中、美科学家分别测定出非典型肺炎病毒的基因图谱。